职业技能等级认定培训教材

园林绿化工

（基础知识）

奉树成　朱苗青　主编

中国劳动社会保障出版社

图书在版编目（CIP）数据

园林绿化工. 基础知识 / 奉树成，朱苗青主编. --
北京：中国劳动社会保障出版社，2024. --（职业技能
等级认定培训教材）. -- ISBN 978-7-5167-6406-0
  I. S73
中国国家版本馆 CIP 数据核字第 2024ZT1923 号

中国劳动社会保障出版社出版发行

（北京市惠新东街 1 号　邮政编码：100029）

*

北京市白帆印务有限公司印刷装订　　新华书店经销
787 毫米 ×1092 毫米　16 开本　13.5 印张　242 千字
2024 年 8 月第 1 版　　2024 年 8 月第 1 次印刷
定价：39.00 元

营销中心电话：400-606-6496
出版社网址：http://www.class.com.cn

版权专有　　侵权必究

如有印装差错，请与本社联系调换：（010）81211666
我社将与版权执法机关配合，大力打击盗印、销售和使用盗版
图书活动，敬请广大读者协助举报，经查实将给予举报者奖励。
举报电话：（010）64954652

编写单位　上海市绿化管理指导站

主　　编　奉树成　朱苗青

副 主 编　白稼铭

编　　者　朱苗青　邓　斌　朱红霞　王红兵　张亚利
　　　　　江　铭　褚伟良　董根西　王艳春　李素霞
　　　　　周艺烽　刘　炤　邹福生　王昊彬　高志洁
　　　　　张伯伦　朱春刚　乐笑玮　施凯峰　王延洋
　　　　　贺　坤　王　铖　陆志佳　龚　宁

主　　审　傅徽楠　陈宪章

前　言

为加快建立劳动者终身职业技能培训制度，全面推行职业技能等级制度，推进技能人才评价制度改革，进一步规范培训管理，提高培训质量，有关专家根据《园林绿化工国家职业技能标准（2022年版）》（以下简称《标准》）和职业培训包课程规范编写了园林绿化工职业技能等级认定培训系列教材（以下简称等级教材）。

园林绿化工等级教材紧贴《标准》和职业培训包课程规范要求编写，内容上突出职业能力优先的编写原则，结构上按照职业功能模块分级别编写。该等级教材共包括《园林绿化工（基础知识）》《园林绿化工（初级）》《园林绿化工（中级）》《园林绿化工（高级）》《园林绿化工（技师　高级技师）》5本。《园林绿化工（基础知识）》是各级别园林绿化工均需掌握的基础知识，其他各级别教材内容分别包括各级别园林绿化工应掌握的理论知识和操作技能。

本书是园林绿化工等级教材中的一本，是职业技能等级认定推荐教材，也是职业技能等级认定题库开发的重要依据，已纳入职业培训包教材资源，适用于职业技能等级认定培训和中短期职业技能培训。

本书在编写过程中得到了上海市绿化和市容管理局、上海应用技术大学、上海市风景园林学会等单位的大力支持与协助，在此一并表示衷心感谢。

目 录 CONTENTS

职业模块 1　职业认知和职业道德 ·· 1
　培训课程 1　职业认知 ··· 3
　培训课程 2　职业守则和职业道德 ··· 5
　培训课程 3　园林绿化信息技术应用 ··· 8

职业模块 2　园林绿化基础知识 ·· 11
　培训课程 1　园林绿化概论 ··· 13
　培训课程 2　园林美学 ··· 18
　培训课程 3　气象学 ··· 35
　培训课程 4　植物及其分类 ··· 46
　培训课程 5　植物生理 ··· 56
　培训课程 6　植物生态 ··· 63
　培训课程 7　植物栽培和繁育 ··· 71

职业模块 3　园林绿化专业知识 ·· 81
　培训课程 1　园林绿化设计应用 ··· 83
　培训课程 2　园林绿化施工 ··· 88
　　学习单元 1　园林绿化施工内容和质量要求 ·· 88
　　学习单元 2　园林绿化施工图 ·· 91
　　学习单元 3　整地和土壤改良基础 ·· 95
　　学习单元 4　施工测量放样基础 ·· 98
　　学习单元 5　园林植物栽植和栽植后管理基础 ······································ 106
　　学习单元 6　园林硬质景观施工基础 ·· 118
　　学习单元 7　园林绿化施工机具、技术资料和档案管理 ······················ 128
　培训课程 3　园林绿化养护 ··· 131

学习单元 1　园林绿化养护内容和质量要求 …………………………………… 131
学习单元 2　松土、除草、切边、覆盖基础 …………………………………… 136
学习单元 3　园林植物水肥管理基础 …………………………………………… 138
学习单元 4　园林植物整形修剪基础 …………………………………………… 142
学习单元 5　园林植物保护基础 ………………………………………………… 145
学习单元 6　古树名木养护基础 ………………………………………………… 156
学习单元 7　园林植物防护基础 ………………………………………………… 159
学习单元 8　园林绿化养护机具、台账和档案管理 …………………………… 163

职业模块 4　园林绿化安全生产知识 …………………………………………… 167

培训课程 1　安全生产一般知识 ………………………………………………… 169
培训课程 2　园林绿化施工、养护安全知识 …………………………………… 175
培训课程 3　农药、肥料、化学品安全使用和保管知识 ……………………… 179
培训课程 4　机具安全使用和维护知识 ………………………………………… 183

职业模块 5　相关法律、法规、规章、规范性文件和标准知识 ……………… 187

培训课程 1　法律知识 …………………………………………………………… 189
培训课程 2　法规、规章知识 …………………………………………………… 193
培训课程 3　规范性文件知识 …………………………………………………… 196
培训课程 4　标准知识 …………………………………………………………… 199

职业模块 ❶
职业认知和职业道德

培训课程 1

职业认知

一、园林行业认知

园林绿化是现代化建设的一项重要内容，其意义是创造和维护适合人们生产劳动和生活休息的环境，具有生态、科学、文化、艺术等特点。园林绿化主要包括园林景观设计、园林工程施工和园林绿化养护管理三个方面的工作内容，这三个方面既相互独立又相互影响。园林绿化是生态文明建设和美丽中国建设的一部分，为我国城市园林行业的进步奠定了环境基础。

我国幅员辽阔，城市园林行业的发展与城市经济发展状况、综合实力关系密切，同时受自然条件影响较大。目前该行业区域发展不均衡，显示出不同的区域性特征，但总的来说，近些年城市化发展进程的加快，为城市园林行业带来了极大的发展空间。随着公众生活水平的不断改善和对居住条件要求的不断提高，城市园林绿化成为城市建设发展中备受关注的行业，已经进入快速发展阶段，整体呈现管理标准化、监管体系化、决策智能化和服务全民化的特点，市场规模日益扩大，绿化企业不断增多，城市公园绿地面积、城市绿化覆盖率等逐年增加，园林绿化质量显著提高，且开始强化城市园林绿化的生态功能。

二、园林绿化工职业认知

职业是指从业人员为获取主要生活来源所从事的社会工作。职业分类是指以工作性质的同一性或相似性为基本原则，对社会职业进行的系统划分与归类。目前，《中华人民共和国职业分类大典（2022年版）》将我国职业划分为八大类，园林绿化工属于职业分类中第四大类社会生产服务和生活服务人员的水利、环境和公共设施管理服务人员中类的绿化与园艺服务人员小类，为其中一个职业，职业编码为4-09-10-01，因是绿色职业标记L。

园林绿化工职业定义为：从事园林绿化施工、养护，园林植物繁殖、栽培和出圃，树木修剪，园林有害生物防治等工作的人员。

1. 主要工作任务

根据《中华人民共和国职业分类大典（2022年版）》，园林绿化工职业主要工作任务如下：

（1）移植、栽培和支护园林植物，进行立体绿化美化施工。

（2）耕作土壤、施肥、浇水等，养护园林绿地及花、苗圃。

（3）繁殖、培育树木和花卉等园林植物良种、苗木花卉出圃。

（4）园林绿地地形和水系水景营造、园林其他设施景观施工。

（5）进行园林古树名木巡查、养护和复壮施工。

（6）依树木生长、形态和抢险等需要进行树木修剪。

（7）维护园林设备和机具。

2. 职业概况

园林行业的快速发展和高质量发展要求，使园林绿化工职业技能人才队伍建设日益重要。2021年12月，人力资源社会保障部职业能力建设司编制的《园林绿化工国家基本职业培训包（指南包　课程包）》由中国劳动社会保障出版社出版发行。2022年8月，人力资源社会保障部办公厅、住房和城乡建设部办公厅、农业农村部办公厅、国家林业和草原局办公室联合颁布施行《园林绿化工国家职业技能标准（2022年版）》。这些文件的出台，一方面说明国家对园林绿化工职业技能人才培养工作的重视，另一方面也将更好地规范园林绿化工的培训、鉴定，为之提供丰富实用的培训资源。

培训课程 2 职业守则和职业道德

一、职业守则的概念和内容

1. 职业守则的概念

职业守则是从事某种职业时必须遵循的基本准则。

2. 园林绿化工的职业守则

（1）爱岗敬业，忠于职守。

（2）诚实守信，办事公道。

（3）勤奋学习，开拓创新。

（4）精通业务，技艺精湛。

（5）遵纪守法，文明安全。

（6）团结协作，互帮互助。

二、职业道德的概念和内容

1. 职业道德的概念

职业道德是指从事一定职业的人们在职业活动中应该遵循的，依靠社会舆论、传统习惯和内心信念来维持的行为规范的总和。它是职业或行业范围内的特殊要求，是社会道德在职业领域的具体体现。

2. 职业道德的内容

职业道德的内容往往表现为某一职业特有的道德传统和道德习惯，表现为从事某一职业的人们所特有的道德心理和道德品质，比如人们常说的"军人作风""学究气"等都体现了某一类职业人员因职业形成的品质。

三、职业道德的特点

1. 鲜明的行业性和适用范围的有限性

由于各种职业的职业责任和义务不同,从而形成各自特定的职业道德的具体规范。一方面,职业道德一般只适用于从业人员的岗位活动;另一方面,不同的职业道德之间也有共同的特征和要求,存在共通的内容,如敬业、诚信、互助等,但在某些特定行业和具体的岗位上,必须有与该行业、该岗位相适应的具体的职业道德规范。这些特定的规范只在特定的职业范围内起作用,只对该行业和该岗位的从业人员具有指导和规范作用。

2. 发展的历史继承性和相对稳定性

职业具有不断发展和世代延续的特征,如"有教无类""学而不厌、诲人不倦"从古至今都是教师的职业道德。职业一般处于相对稳定的状态,因此反映职业要求的职业道德也处于相对稳定的状态,如医务行业"救死扶伤、治病救人"的职业道德,一直被从事相关行业的人们所传承和遵守。

3. 表现形式和表达形式的多样性

职业领域的多样性决定了职业道德表现形式的多样性。各行各业为适应本行业的行业公约、规章制度、员工守则、岗位职责等要求,都会将职业道德的基本要求规范化、具体化,使职业道德的具体规范和要求呈现出多样性。同时由于各种职业道德的要求都较为具体、细致,因此其表达形式也多种多样。职业道德多从本职业交流活动的实际出发,采用制度、守则、公约、承诺、誓言、条例、标语、口号等形式表述。这些灵活的形式既易于从业人员接受和实行,也容易形成一种职业的道德习惯。

4. 强烈的纪律性和一定的强制性

职业道德除了通过社会舆论和从业人员的内心信念来对职业行为进行调节外,常以制度、章程、条例的形式表达,与职业责任和职业纪律紧密相连,让从业人员认识到职业道德具有纪律的规范性。当从业人员违反了具有一定法律效力的职业章程、职业合同、职业责任、操作规程,给企业和社会带来损失和危害时,相关方就会依据具体的评价标准,对违规者进行处罚,这就是职业道德强制性的表现。职业道德本身不存在强制性,但其总体要求与职业纪律、行业法规具有重叠内容,一旦从业人员违背了这些纪律和法规,除了受到职业道德的谴责外,还会受到纪律和法律的处罚。

四、职业道德的社会作用

职业道德虽然是在特定的职业生活中形成的,但它不是离开阶级道德或社会道德而独立存在的道德类型。职业道德能调节从业人员与服务对象之间、从业人员之间、从业人员与职业之间的关系，对从业人员和行业甚至社会的发展起重要作用。总的来说，职业道德有利于促进个人的全面发展，提高职业素质；职业道德能规范职业秩序和职业行为，决定从业人员本职工作完成的好坏，促进本行业的发展；职业道德有助于维护和提高本行业的信誉；职业道德有助于提高全社会的道德水平。

五、园林绿化工职业道德规范

园林行业为社会提供优美环境和精品文化，满足市民和游人的精神享受及文化需求，是社会主义精神文明建设的窗口行业。随着城市园林绿化事业的快速发展和城市园林景观体系的不断完善，园林行业从业者的地位和作用已越来越凸显。园林行业发展的新形势、新背景要求园林绿化工不仅要加强专业知识提升，更需要加强职业道德的教育和学习，以适应蓬勃发展的园林实业，保障城市园林绿化建设质量和景观水平的不断提高。同时，园林绿化工良好的职业道德可以使人们深切感受到景色的美好、生活的幸福和社会的和谐。

根据《中共中央关于加强社会主义精神文明建设若干重要问题的决议》，社会主义职业道德五项基本规范为爱岗敬业、诚实守信、办事公道、服务群众、奉献社会。结合行业实际，总结出园林绿化工职业道德规范如下：

1. 爱岗敬业，献身园林事业。
2. 刻苦学习，提高专业技能。
3. 勇于担当，确保工作质量。
4. 精益求精，传承工匠精神。

培训课程 3

园林绿化信息技术应用

一、园林绿化信息技术应用概述

近年来，随着计算机技术、通信技术、网络技术的飞速发展，现代信息技术已广泛应用到各行各业，园林行业亦是如此。信息技术的普及和广泛应用为园林绿化工作的开展提供了有力的技术支持，而园林绿化信息技术的有效应用，可从根本上推动我国绿化现代化的发展。

1. 信息技术定义

信息技术是指以计算机为载体，对产业生产、经营管理、战略决策等过程中的自然经济和社会信息进行收集、存储、传递、处理、分析及利用的技术。

2. 应用趋势

园林绿化与信息技术相结合，主要是利用将机械化、自动化、遥感、遥测、计算机网络等融为一体的信息技术，实现坐在办公室实施种植苗木操作等工作，并可以通过互联网向各方面专家进行咨询等。

二、园林绿化信息技术应用方式

当前阶段，在园林绿化工作中普遍采用的信息技术，主要有 3S 技术、数据库技术、计算机网络技术、多媒体技术、人工智能专家系统等。

1. 3S 技术

3S 技术指地理信息技术，包括遥感（RS，remote sensing）、全球导航卫星系统（GNSS，global navigation satellite system）和地理信息系统（GIS，geographic information system）技术。我国园林绿化工作中对于遥感技术的应用，主要是获取绿化面积的空间信息、应用监测功能防治病虫害、监控植物生长状况等。全球定位系统目前广泛应用于精准园艺，如结合植物生长状况对所要喷施的药剂做到精准定量、进行园艺的精准测绘等。地理信息系统在园林绿化领域可以用于数据传输、储存、检查及分析，或对绿地古树名木进行定位等。

2. 数据库技术

数据库技术是研究、管理和应用数据库的一门软件科学。在大数据时代，每一项工程都会产生庞大的数据，园林工程也不例外。园林工程涉及多方面数据参数，对数据参数进行分析和整理，可以先建立信息数据库，再利用信息技术进行传输、存储、分析、处理等。

3. 计算机网络技术

计算机网络技术是通信技术与计算机技术相结合的产物。计算机网络是按照网络协议，将地球上分散的、独立的计算机相互连接形成的集合。计算机网络具有共享硬件、软件和数据资源的功能，具有对共享数据资源集中处理及管理维护的能力。建立园林绿化网站时，会用到计算机网络技术，能为园林绿化的进一步发展提供电子商务平台，有效提高园林产业经济收入，也可促进园林信息共享。

4. 多媒体技术

多媒体技术是将计算机作为媒介，对信息进行传播、处理与分析的一项媒体技术。运用多媒体技术可以提高园林绿化工作人员的工作效率，比如通过视频、文字等方式对园林绿化的各种情况进行展示和反映。

5. 人工智能专家系统

人工智能专家系统是一个智能计算机程序系统，其内部收录了大量的某个领域专家的知识与经验，它能够应用人工智能技术和计算机技术，根据系统中收录的知识与经验，进行推理和判断，模拟人类的决策过程，以解决那些需要人类处理的复杂问题。在园林绿化工作中，应用人工智能专家系统，可助力开展园林植物施肥、灌溉、病虫害防治等操作。

职业模块 ②
园林绿化基础知识

培训课程 1 园林绿化概论

一、园林绿化及其发展概况

1. 概念

园林绿化是通过新建、改造城乡范围内一定地域的地形或叠石、筑山、理水，综合运用栽植园林绿化植物、营造建构筑物、铺设园路、安装城市家具和照明灯光等工程技术、园艺方法建设而成的自然生态环境和游憩境域。园林绿化主要涵盖庭院、宅园、小游园、花园、公园、植物园、动物园、森林公园、风景名胜区、自然保护区、国家公园等游览区及休养胜地。

2. 内容

园林绿化的主要内容包括规划、设计、施工、养护、管理。

（1）园林绿化规划。园林绿化规划是指园林绿化主管部门就辖区园林绿化未来的发展方向、生态绿色空间布局、发展重点及主要任务、工作落实保障等作出的构想安排。

（2）园林绿化设计。园林绿化设计是指围绕园林绿化规划目标任务，针对特定地域范围，运用园艺手法和工程技术手段，有目标、有计划地形成园林绿化所进行的创意创作活动。

（3）园林绿化施工。园林绿化施工是指运用工程手段和艺术方法，把设计要素转化为目标地域上的园林绿化的过程，可以达到园林绿化审美要求，实现园林绿化规划设计目标。

（4）园林绿化养护。园林绿化养护是指在园林植物定植后，为调节水分、养分供应，促进园林植物生长健康，提高绿化景观观赏效果，采取防御不良气候、浇排水、改良土壤（含松土和施肥）、修剪整形、防治病虫害、除草、补植等技术措施的过程。

（5）园林绿化管理。园林绿化管理是指园林绿化主管部门对园林绿化用地、规划、建设、养护及园林绿化材料生产供给保障、园林绿化科研服务等进行决策、计划、组织、领导、控制，以期高效地达到既定组织目标的过程。

3. 意义

（1）改善城乡环境质量。园林绿化植物可通过光合作用，降低城乡区域内二氧化碳含量，提高氧含量；可通过蒸发、蒸腾作用，缓解城市热岛效应，提高城乡空间湿度，滞尘降噪，改善城乡小气候。

（2）提升城乡形象品质。园林绿化是有生命力的城乡基础设施，花草地被覆盖了裸露的黄土，行道树、隔离带绿化柔化了生硬的路面，道路、广场容器绿化丰富了城乡的街景，街心花园、花坛、花境、城乡公园创造了游憩的去处，通过园林绿化，城乡的形象、品质得到了明显提升。

（3）赋能中国式现代化建设。近年来，中国式现代化得到推进和拓展，促进人与自然和谐共生。园林绿化是城乡生态文明建设的底色，与城乡区域中的其他生态要素构成一个体系，加速城乡中人与自然和谐共生的建设进程。

4. 发展概况

"十三五"末期，我国城市建成区绿地面积达到239.8万公顷，建成区绿地率为38.24%，人均公园绿地面积14.78 m^2。《"十四五"全国城市基础设施建设规划》设定了绿地率大于或等于40%、城市万人拥有绿道长度大于或等于1 000 m、城市公园绿化活动场地服务半径覆盖率大于或等于85%等目标，并提出了3项城市园林绿化提升行动。

（1）完善城市绿地系统。建设城市与自然和谐共生的绿色空间格局，完善城市公园体系。

（2）增强城市绿化碳汇能力。持续推进城市生态修复，科学复绿、补绿、增绿；加强城市生物多样性保护；促进城市蓝绿空间融合；倡导节约型、低碳型园林绿化。

（3）优化以人民为中心的绿色共享空间。建设友好型公园绿地系统，推进社区公园建设，贯通城乡绿道网络，塑造城市园林绿化特色。

二、园林绿化形式和功能

1. 形式

（1）规则式。规则式又称整形式、建筑式、图案式或几何式。西方园林绿化基本上以规则式为主。它以建筑和建筑式空间布局作为园林风景表现的主要题材。我国北京天安门广场、南京中山陵等都属于规则式园林绿化。

（2）自然式。自然式又称风景式、不规则式、山水式等。我国从有历史记载的周秦时代开始，无论是大型的帝皇苑囿，还是小型的私家园林，多以自然式山水园林为主。古典园林以北京颐和园、承德避暑山庄、苏州拙政园为代表。我国自然式山水园林从唐代开始影响日本的园林，从18世纪后半期传入英国，从而引起了欧洲园林对古典形式主义的革新运动。

（3）混合式。严格来说，绝对意义上的规则式或自然式园林绿化很难在现实中做到。园林的规则式与自然式设计比例相差不多时，可称为混合式园林绿化。广州起义烈士陵园、北京中山公园等是混合式园林绿化的代表作。

2. 功能

（1）美化环境。园林绿化植物都具有较强的观赏性，为城乡增添自然美，提高城乡环境美观程度，使人赏心悦目。

（2）调节城乡小气候。园林植物，尤其是树木具有较强遮阳蔽荫、降低风速、减少蒸腾等能力，起到保温、增湿作用，能改善城乡小气候。在夏季，植物可遮挡太阳辐射，阻隔地面、墙面及其他相邻物体反射热，再加上植物的蒸腾作用，可消耗60%～75%的太阳辐射能量，缩短高温的持续时间，缓解城乡热岛效应。

（3）保护生物多样性。园林绿地系统是城乡生物多样性保护的重要基地，城郊风景区、自然保护区等可为植物、动物、微生物提供栖息地。

（4）净化空气。植物对二氧化硫等污染物具有吸收、转化、累积能力，对工业、汽车等排放的大量污染气体具有阻挡、吸收、滞留、过滤等作用。雪松、柳杉等植物可释放杀菌分泌物，发挥杀菌消毒作用。植物枝叶表面的凹凸形成吸附面，对粉尘有滞留、吸附、过滤作用。叶面粗糙、带有分泌物的植物，吸附尘埃能力更强。资料表明，夏季成片林地减尘率可达60%左右，冬季也有20%左右，街道绿化带减尘率为22%左右。

（5）平衡碳氧。数据表明，1公顷阔叶林在生长季节每天消耗1 t二氧化碳，释放0.73 t氧气；1公顷草坪每天可吸收0.2 t二氧化碳。

（6）隔音降噪。植物的枝、叶能吸收声波，对噪声具有吸收、屏蔽作用，当声波投射到枝叶上时，便会向不同方向发生折射、散射，进而促进噪声衰减。宽阔、高大、浓密的树丛可以降低噪声5～10 dB，30 m宽的乔灌草结构带可降低噪声3～5 dB。

（7）减灾避险。园林可阻隔火灾等灾害源，防止和减少次生灾害发生；可减缓滑坡等地质灾害，减少水土流失；可作为临时避难所、灾民安置场所、倒塌物堆放场所。

（8）指示监测。有些植物对污染物较敏感，当环境受到污染时即表现出典型症状，可据此指示监测环境质量，警示人们环境遭到污染。

三、园林绿化相关指标

本书相关指标引用住房和城乡建设部2022年发布的《国家园林城市评选标准》，主要包括生态宜居、健康舒适、安全韧性、风貌特色4个目标18项指标。

1. 生态宜居

生态宜居目标主要有8项指标，分别为：城市绿地率（%）、城市绿化覆盖率（%）、人均公园绿地面积（m²/人）、公园绿化活动场地服务半径覆盖率（%）、城市绿道服务半径覆盖率（%）、10万人拥有综合公园个数（个/10万人）、城市生态廊道达标率、城市生物多样性保护达标率。

2. 健康舒适

健康舒适目标主要有4项指标，分别为：城市林荫路覆盖率（%）、城市道路绿化达标率（%）、立体绿化实施率（%）、园林式居住区（单位）达标率（%）。

3. 安全韧性

安全韧性目标主要有3项指标，分别为：建成区蓝绿空间占比（%）、防灾避险绿地设施达标率（%）、城市湿地保护实施率（%）。

4. 风貌特色

风貌特色目标主要有3项指标，分别为：具有历史价值的公园保护率（%）、古树名木及后备资源保护率（%）、园林绿化工持证上岗率（%）。

四、中国园林简史

1. 中国古代园林简史

在世界三大园林体系中，中国园林历史悠久灿烂，成熟最早，已有3 000多年历史。根据时间轴及事物发展规律，中国古代园林发展期可以划分为生成期（商、周、秦、汉）、转折期（魏、晋、南北朝）、全盛期（隋、唐）、成熟期（宋、元）、成熟后期（明、清）。中国古代园林主要包括皇家园林、私家园林、寺观园林、公共园林等类型，形成了北方园林、江南园林、岭南园林、巴蜀园林等主要流派。

2. 中国近代园林简史

自清朝末期到中华人民共和国成立，中国园林发生了空前变化，中国传统园林遭到严重破坏，资本主义城市公园和花园别墅传入我国，园林风格杂乱，园林作为一门科学的思想得到了发展。鸦片战争至辛亥革命期间，国内官僚资产阶级和民族资产阶级在通商口岸和一些新兴工商业城市开始营建公园。民国时期，帝国主义国家在租界建造公园，广州、重庆、南京等重要城市兴建新园林，西安、北京等古都所在城市推动皇家园林建设。抗日战争爆发直至1949年，各地园林建设基本处于停顿状态。

3. 中国现代园林绿化简史

中国现代园林绿化经历了借鉴、探索、创新的发展过程。中华人民共和国成立后，中国园林绿化发展大致可以分为恢复重建时期、调整时期、破坏时期、恢复与发展时期、稳步发展时期。20世纪50年代，中国园林绿化建设受苏联城市文化、公园规划理论和实践影响，讲究功能分区，注重安排群众活动、文体娱乐场所；20世纪60年代，我国开始探索适合国情的园林绿化规划理论；20世纪70年代以来，园林绿化建设注重发挥传统特色，更加强调山水、植物、建筑等有机融合。

如今，生态文明建设纳入"五位一体"总体布局中统筹推进，坚持生态优先、绿色发展，倡导山水林田湖草沙一体治理，建设人与自然和谐共生命运共同体，园林绿化进入高质量发展快速通道。

培训课程 2

园林美学

一、园林美及其特征

1. 园林美

园林美是风景园林师对生活（包括自然）的审美意识（思想感情、审美趣味、审美理想等）和优美的园林形式有机统一，是自然美、艺术美和社会美的高度融合。园林美的含义和体现见表2-1。

表 2-1　园林美的含义和体现

类型	含义	体现	案例图示
自然美	自然事物的美，自然界的昼夜晨昏、竹林松涛、鸟语花香等	自然性并偏重于外在的形式，具有多面性。往往以其色彩、形状、质感、声音等感性特征直接让人们产生美感	
艺术美	艺术家对现实生活进行审美反映和审美创造的产物，是自然美的升华	借山水植物等形象实体，运用种种造园手法和技巧，合理布置、巧妙安排、灵活运用，创造园林意境	
社会美	社会生活与社会事物的美，是人类实践活动的产物	作为现实的生活境域，亦会反映社会生活的内容，表现园主的思想倾向。例如，法国的凡尔赛宫苑布局严整，是君主政治至高无上的象征	

2. 园林美的特征（见表2-2）

表2-2　园林美的特征

特征	说明
多样性	园林美从其内容与形式统一的风格上，反映时代民族的特性，从而使园林美呈现丰富多彩的多样性。纵观世界园林，英国园林田园风光浓重；中国园林追求诗情画意、优美典雅的意境；法国园林对称坦荡，一览无余；意大利园林精雕细刻，重几何图案的美观；日本园林禅意幽玄
综合性	园林美不仅包括树石、山水、草花、亭榭等物质因素，还包括人文、历史、文化等社会因素，是一种高级的综合性的艺术美
阶段性	园林艺术与其他艺术不同，其审美客体除了一般的物质以外，主要以活体为主，树木等绿色生命及鸟类昆虫，使得整个园林艺术充满了盎然生机。有生命的审美客体具有生长、变化、成熟、衰老等过程。因此，审美客体在不同的生长阶段有其特殊的审美特征，即园林审美具有阶段性

二、园林美的形态

1. 园林建筑美

建筑是园林美物质性建构序列中的第一要素。从功能上看，园林是建筑的延续和扩大，而建筑则是园林的起点和中心。园林建筑是园林中供人游览、观赏、休憩并构成景观的建筑物或构筑物的统称。一般来说，园林建筑具有使用和景观创造两个方面的作用。园林建筑按照传统形式可分为亭、廊、榭、舫、楼阁等。

（1）亭。亭是中国园林中应用数量最多、形式变化最丰富的一种建筑形式，是造园的重要素材之一。无论是我国传统的古典园林中，还是现代的城市园林及风景游览区中，都可看到许多造型各异的亭。亭体形小巧多姿、玲珑剔透，是供人们休憩、观景的园林建筑，亭又可以和园林中的地形、建筑、水体、植物等其他造园要素巧妙结合，构成园林中丰富的景观，起到点景的作用。

亭的形式很多，从平面形状上分，有圆形、长方形、三角形、四角形、六角形、八角形、扇形等。我国的亭有南式（网师园冷泉亭见图2-1）、北式（颐和园知春亭见图2-2）之分。南方气候温暖，亭的屋面较轻，各部构件的用料也较纤细、玲珑；北方气候寒冷，亭的屋面较重，构件的用料也相应粗壮，亭的外形也就显得端庄、稳重。南式亭的屋面多用小青瓦，色彩淡雅；北式亭民间多用筒瓦，皇家苑囿中的亭常用琉璃瓦以显得高贵气派。

（2）廊（颐和园长廊见图2-3、拙政园长廊见图2-4）。廊是中国古典园林中不可或缺的设计元素，以其自身变幻多姿之美，在众多类型的园林建筑中争得了一席之地。

图 2-1　网师园冷泉亭

图 2-2　颐和园知春亭

图 2-3　颐和园长廊

图 2-4　拙政园长廊

廊不仅具有遮风避雨、联系交通的实用功能，而且对园林中空间与景色的展开和序列的形成起着重要的组织作用，可以说廊决定了人们的主要游览线路。中国古典园林在廊的安排布置中讲究步移景异，长廊的曲折走向也为游赏者提供了丰富的视觉体验，沿着曲廊而行，游赏者的行走方向不断转换，随着一个不经意的转折，眼前就出现了不同的景致。

（3）榭。榭一般是指有平台挑出水面，以供游人观赏风景的园林建筑。榭属于园林建筑中具体使用功能较弱的类型，一般不作为园林主体建筑。除满足人们休息、游览等一般性功能要求外，其主要作用是观景与点景。

在古代园林里，榭的建造与周围景致密切地联系在一起。榭四面敞开，构造形式灵活多样，且常与廊、台相组合。居于池岸的水榭往往与曲桥相连，遥望远亭，水天一色。例如，拙政园芙蓉榭（见图 2-5）是拙政园东部一方形歇山顶临水风景建筑，位于主厅兰雪堂之北，大荷花池尽东头，南北两墙饰以镂空窗格颇显古典雅致之气，四周回廊有美人靠环绕，人在美人靠上坐，面前一池碧水，背后一堵粉墙，一面开阔，一面封闭，有宁静致远之感。

（4）舫。舫是指依照船的造型在园林水边建造的一种船形建筑物。舫的立意是"湖中画舫"，使人产生虽在建筑中却犹如置身舟楫之感。舫可供游人在内游赏、饮宴、观赏水景，还可在园林中起到点景作用。舫最早出现在江南园林中，通常下部船体用石头砌成，上部船舱多为木构建筑。近年来也常用钢筋混凝土结构的仿船形建筑。舫立于水边，虽似船形但实际不能划动，所以亦名不系舟。古猗园不系舟如图2-6所示。

图2-5　拙政园芙蓉榭　　　　　　　　　图2-6　古猗园不系舟

（5）楼阁（颐和园佛香阁见图2-7、岳阳楼见图2-8）。楼阁均属登高望远、游憩赏景的高层园林建筑。在园林中楼阁常建于建筑群体的中轴线上，起着构图中心的作用；楼阁也可独立设置于园林中的显要位置，成为园林中重要的景点。楼阁常出现在一些规模较小的园林中，常建于园的一侧或后部，既能丰富轮廓线，又便于因借园外之景和俯视全园景色。现代园林中所建的楼多为茶室、餐厅、接待室等。

图2-7　颐和园佛香阁　　　　　　　　　图2-8　岳阳楼

2. 假山叠石美

假山叠石在我国园林，尤其是古典园林艺术中的地位十分突出，它是中国园林中最富表现力和最有特点的艺术形象，是中国园林的一大创造。

园林中的假山叠石不仅师法自然，而且凝聚着造园家的艺术创造。园林中的山石除兼备自然山石的形态、纹理、质地外,还有传情的作用。例如,传说为石涛手迹的扬州个园中的"春、夏、秋、冬"四季假山,恰好表达了绘画理论中"春山淡冶而如笑,夏山苍翠而如滴,秋山明净而如妆,冬山惨淡而如睡"的意境,见表2-3。

表2-3 个园四季假山

四季假山	石材	创意	图示
春山	石笋石	园门外两边修竹劲挺,高出墙垣,作凌霄云之姿。竹丛中,插植着石绿斑驳的石笋,以"寸石生情"之态,表达"雨后春笋"之寓意。竹石图运用惜墨如金的手法,点破"春山"主题,同时还传达了传统文化中"惜春"理念	
夏山	太湖石	利用太湖石的凹凸不平和瘦、透、漏、皱的特性,叠石多而不乱,远观舒卷流畅,近视玲珑别透。山上有古柏,山下有池塘,整座山体被碧绿的池水衬映得分外灵秀	
秋山	黄石	整个山体分中、西、南三座,有"江南园林之最"的美誉。山体峻峭凌云,显得壮丽雄伟。中峰高耸奇险,下有石屋,登山顶拂云亭,满园佳境尽收眼底。黄山石有的颜色显土黄,有的颜色赤红如染,假山主面向西,夕阳西照,色彩炫目	
冬山	宣石	冬山由宣石堆叠,石质晶莹雪白,假山被置于背阴的南墙之下,终年不见阳光,远望犹如积雪未消。西墙上有规律地开了些圆洞,组成一幅特殊的漏窗图景,使冬味更胜。每当阵风吹过,这些洞口会随风的强弱发出不同的声音,像是冬天西北风的呼叫	

中国古典园林的假山一般有湖石假山和黄石假山两种,假山置石案例见表2-4。前者由湖石堆叠而成,古人曾以瘦、皱、漏、透作为鉴赏湖石的标准。后者由黄石堆叠而成,黄石的特点是形状较规则、棱角分明、平整端庄,较适合制作中型和大型假山。

表 2-4 假山置石案例

景点	假山类型	特色	图示
苏州环秀山庄	湖石假山	环秀山庄以假山堆叠奇巧著称，假山出自清代叠山大师戈裕良之手，集秀、旷、幽、险、奇、雄等特点于一体。主峰占地面积不足半亩，但是在这座假山上却能看见幽径、绝壁、石梁、洞室、悬崖、谷溪等美景，被誉为国内之最	
上海豫园	黄石假山	假山由明代江南叠石名家张南阳设计建造，以千吨武康黄石叠成，层峦叠嶂，气势磅礴，登临期间如入崇山峻岭，享有"江南假山之冠"美誉	

值得指出的是，欣赏园林山石不是一件易事。山石的美是一种含蓄而抽象的美，在这方面，它与当今西方的抽象雕塑极为相似，须观其形、领其神、悟其美，它需要人们调动各自的情感和激发深层的联想。园林中假山叠石的美，等待着人们去发现、去创造。

3. 园林植物美

园林植物种类繁多，每一种类的植物都有其独特的观赏特性，这些特性又随季节及年龄变化而不同。园林植物的美有个体美与群体美之分。园林植物的个体美是以植物个体的体量、冠形、叶、花、果、枝、干、根等观赏器官或观赏要素为载体，表现在形态、色彩、芳香、质感、声音、意境等方面，给人以现实客观的美学感受。植物的个体美构成了园林植物造景的重要方面。园林植物的群体美是在个体美的基础上形成的，更增加了园林植物美的多样性与复杂性。

（1）园林植物的形态美。园林植物的形态是其外形轮廓、体量、形状、质地、结构等特征的综合体现，它给人以大小、高矮、轻重等比例、尺度的感觉。园林植物的形态一般来说是指在正常的生长环境下，其成年时的外貌。园林植物的形态美具体表现在其树形、干形、根形、叶形、花形、果形等方面，如图 2-9 所示。

（2）园林植物的色彩美。在园林艺术中，植物不但是绿化的材料，而且也是色彩的渲染手段。植物色彩是园林色彩构图的骨干，也是最活跃的因素，园林植物的色彩美如图 2-10 所示。植物的茎、叶、花、果都表现出多种多样的色彩美。植物色彩足以影响设计的多样性、统一性及各个空间的情调和感受，它与植物的其他视觉特点一样，可以相互配合、协调使用，在设计中起到突出植物的尺度和形态的作用。

图2-9　园林植物的形态美

图2-10　园林植物的色彩美

（3）园林植物的芳香美。园林植物的芳香包括花香、果香、枝叶香等，以花香为主。有的园林植物其花色虽不甚明显，但能散发馥郁的香味。园林植物的芳香味是通过人们的嗅觉器官来感知的，芳香味通过刺激人的嗅觉器官，使人倍感身心爽朗。将香花用于园林造景，可以悦性怡情、倍增游兴。例如，苏州留园的闻木樨香轩景点，因其遍植桂花，开花时节香气袭人，意境十分优雅。

（4）园林植物的质感美。园林植物的质感是指园林植物各种形态特征的综合表现，如花、叶、果的大小和枝、干、叶的光滑度等，在质感上产生粗糙或光滑、柔软或坚硬等不同的效果。如粗糙多毛的叶片、浓密粗壮的树枝，多富于野趣；纸质、膜质的叶片常呈半透明状，给人以恬静之感。

（5）园林植物的声音美。园林中利用植物与风、雨的巧妙配合更能生动地表现风雨的声响魅力。例如，苏州拙政园的留听阁（平面图见图2-11）可领略李商隐"留得枯荷听雨声"之情，也体现了荷叶的"听雨"功能。借风声也能产生某种意境，如承德避暑山庄的"万壑松风"建筑群，就是借风掠松林而发出的涛声得名。

（6）园林植物的意境美。园林植物的意境美是指园林植物所具有的比较抽象而极富思想感情色彩的美感。例如，松、竹、梅被称为"岁寒三友"，象征着坚贞、气节和理想，代表着高尚的品质。赏花时，把外形与气质结合起来，突出了花的神态、风韵，极大增强了它的艺术魅力。

园林植物意境美的形成是比较复杂的，其与民族文化传统、各地风俗习惯、文化教育水平、社会历史发展等有关，它不是一成不变的，而是随着时代的发展而变化的。

4. 园林水体美

园林中的水千姿百态，它的风韵、气势，它发出的声音，都能给人以美的享受，引起人们无穷的遐想，园林水体美如图2-12所示。水随山转，山因水活；山得水而活，水得山而媚。山水相依，园林便充满了勃勃生机，拥有了丰富的动态。在园林中，水最为活跃，它可以是小桥流水，也可以是池塘、喷泉或深潭。园林借助水的艺术形态，再现了大自然的风貌，创造了情景交融的意境。

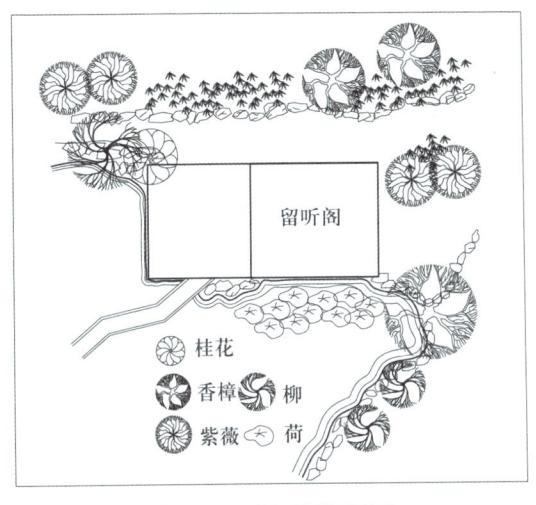

图2-11　留听阁平面图

图2-12　园林水体美

以大水面包围建筑物，是园林中构成水景开敞空间的常用手法。西湖的"平湖秋月""三潭印月"都以大水面包围建筑物并以水景而得名。"小中见大""以少胜多"同样也是中国古典园林中理水的艺术手法。无锡寄畅园利用杯水细流创作了"八音涧"，以不大的水面和水量表现湖泊、溪流等，同样可以使"山得水而活"，增添园林生趣。

5. 园林空间美

园林空间为游赏者全身心地审美赏景并获取多样而多变的风景美创造了条件。园林和建筑的艺术处理是处理空间的艺术，中国园林艺术的空间美有独特的表现。

（1）内向开放之美。古典私家园林一般面积不大，但却层次错落、迂回曲折、深邃幽远、情景交融。造园家们会有选择地引导游览者的视线以丰富景观内容，通常采用借景的手法以增加空间层次。苏州留园的冠云楼就是远借虎丘山景，拙政园则借景城内北寺塔。

（2）丰富变化之美。古典私家园林空间丰富多变，如苏州残粒园花园面积仅140多平方米，全园由山石、水池、小亭构成，平面紧凑，空间大小、明暗、开合、高低参差对比，富于变化和层次，形成具有节奏的空间关系。稍大的园林常以其中一个景区为全园的重点，再辅以若干个小景区，互相贯通，联为整体，空间有主有次、疏密相间，相互对比渗透，构成有节奏的变化。

（3）意境空间之美。园林的意境空间是和中国古代哲学中关于虚实、有无的空间意识紧紧联系在一起的。空间意境整体是实境与虚境的统一，实境是景物可直接感知的整体艺术形象，虚境则是形象所表现的艺术情趣及艺术想象。

6. 园林文化美

园林风格形成的决定性因素是文化类型和特质。中国伦理政治型文化作为形成传统园林风格的决定性因素，长期在造园中发挥着重要作用。中国最早的园林雏形——囿、台就带有强烈的政治色彩。魏晋南北朝以来，西域文化与中华本土文化的交流及佛教的传入，形成儒、道、佛三家融合的文化形态，园林设计转向崇拜和欣赏自然美，由此奠定了至今作为传统园林风格的自然式布局的基础。唐宋之后，园林设计又逐渐转变为富有诗情画意的文人园林，这种自然式园林反映了人们对自然的深刻理解。

随着民族文化进入新的发展时期，人的思维方式也发展到一个新的阶段，现代先进的网状思维方式对园林艺术创作具有重要意义。园林环境中交织着许多复杂的、彼此制约的多元关系，诸如生态平衡、资源保护与开发，以及相关的社会学、科学技术与艺术性影响等，在学科纵向研究和多行业横向配合的基础上加以综合与分析，逐渐建立起新的、完善的风景园林体系。

三、园林美的创造

1. 形式美的基本法则

与其他艺术门类一样，园林艺术作品的形式总是按照美的规律创造出来。形式美法则是用于指导设计的理论依据，在设计构图实践中该法则具有重要的意义。从构成和设计的角度来看，形式美法则主要考虑以下几个方面。

（1）变化与统一。变化与统一在菊展景点布置中的应用如图 2-13 所示。变化与统一是形式美的最高准则，与其他法则有着密切的关系，起着"统帅"作用。风景园林是多种要素组成的空间艺术，要创造变化与统一的艺术效果，可以通过多种途径来达到，如形式与内容的变化与统一、局部与整体的变化与统一、风格流派的变化与统一、图像线条的变化与统一、材料与质地的变化与统一等。

（2）对比与调和。突出事物相互对立的因素，使个性愈加鲜明，称为对比。相反，在不同的事物中强调其共同因素以达到协调的效果，称为调和。对比强调个性，调和则强调事物间的共同因素。

1）对比。对比一般是为了突出表现一个景点或者景观，使之鲜明显著，引人注目，在景观艺术设计中常常被运用。景观设计中对比的类型和运用见表 2-5。

图 2-13 变化与统一在菊展景点布置中的应用

表 2-5 景观设计中对比的类型和运用

类型	运用方法	效果	案例图示
方向对比	垂直与水平方向对比，如高耸山体与开阔水面、挺拔乔木与低矮灌木等	丰富园林景物的形象，突出主体景观	
体量对比	以小衬大、以短衬长、以高衬低	创造"小中见大"的园林景观	
色彩对比	相对的两个补色产生对比效果，如红与绿、黄与紫、蓝与橙等	景观引人注目，更能突出主体景观	

续表

类型	运用方法	效果	案例图示
空间对比	空间的收放与开合形成敞景和聚景的对比	增加空间层次感，引人入胜	
明暗对比	光线的强弱造成景物、环境的明暗对比，如本是树丛夹道、浓荫覆地，忽而一片平远空旷的场所展现在眼前	明给人以活泼开朗的感觉，暗给人以幽静柔和的感觉，从暗到明可产生"柳暗花明"的效果	
质感对比	利用植物、建筑、道路、广场、山石等不同材料的质感来形成对比，如粗糙与光滑、坚硬与柔软	造成对比，增强效果，粗糙的石材、粗木等让人感觉稳重，细致光滑的材料让人感到轻松	
疏密对比	景点的聚散，聚处则密，散处则疏，疏密相间，错落有致	密处节奏变化快，使人兴奋和紧张；疏处使人感到恬静和松弛	

2）调和。使园林中不同艺术形象和不同功能要求的局部，达到一定的共同性与相互转化，这种构图技法称为调和，调和有相似调和与近似调和。

①相似调和。园林中形状相似而大小、排列或内容上有变化称为相似调和。景的组成部分重复出现时，如果在相似的基础上变化，也可产生调和统一感。

②近似调和。园林中近似的形体重复出现，称为近似调和。如方形与长方形、圆形与椭圆形都是近似调和。自然式的园林，如果细加分析，其中有许多的近似调和，蜿蜒的小河、曲折的园路、树林的林冠线与林缘线，这一切都统一在曲线之中，给人以调和的美感。

（3）对称与均衡。对称与均衡的形式美法则是衡量视觉平衡的主要手段。对称是同形同量的形态，能表达秩序、安静、稳定、庄重、威严等心理感觉。均衡是指形象的大小、轻重、色彩及其他视觉要素的分布作用于视觉上的平衡。

均衡是人们在心理上对对称或不对称景观在重量感上的感受。在景观设计中，会运用对称均衡与不对称均衡。对称均衡常用于规则式园林中，如图2-14所示。规则式园林的构图具有对称的几何形状，运用的植物材料在品种、形体、数目、色彩等方面是均衡的，常给人以规整、庄严、整齐的感觉。不对称均衡在自然式园林中常见，能产生生动活泼的感觉，如图2-15所示。

图2-14 对称均衡

图2-15 不对称均衡

（4）节奏与韵律。所谓节奏，就是景物连续反复出现，通过运动产生美感。韵律是节奏的深化，是有规律但又自由地抑扬起伏，从而产生富有感情色彩的律动感。节奏与韵律是艺术构图变化统一的重要手法之一。园林构图中韵律的表现形式很多，具体见表2-6。

表 2-6　韵律的表现形式

类型	内容	案例图示
连续韵律	连续使用和重复出现的有组织排列所产生的韵律，如等距的行道树、等高灯具的长廊等	
交替韵律	两种以上组成要素有规律地交替重复出现的连续构图，如不同品种相间种植的行道树、一段梯级与一段平台交替的布置等	
渐变韵律	园林布局连续重复的组成部分，在某一方面规则地逐渐增加或减少所产生的韵律，如体积的大小、色彩的浓淡、质感的粗细等	
起伏韵律	由一种或几种因素在形象上出现较有规律的起伏变化所产生的韵律，如连续布置的山丘、建筑、树木等，可有起伏、曲折变化，并遵循一定的节奏规律	
旋转韵律	某种要素或线条按照螺旋状反复连续出现，或向上，或向左右发展，从而得到旋转感很强的韵律特征。在图案、花纹或雕塑设计中常见	

（5）比例与尺度。园林中的比例关系表现在两个方面：①园林中各个景物自身的长、宽、高之间的比例关系；②景物与景物、景物与整体之间的比例关系。尺度是指景物与人的身高和活动空间的度量关系。这是因为人们习惯用人的身高和活动所需要的空间作为视觉感知的度量标准。

在园林中，如果人工造景尺度超过了人们习惯的尺度，可使人感到雄伟壮观，如颐和园佛香阁至智慧海的假山蹬道每级高差 30～40 cm，使人行走时感到吃力，产生比实际高的感受。如果尺度符合一般习惯要求或者较小，则会使人感到小巧紧凑、自然亲切，如苏州网师园面积较小，故园内无大桥、大山，建筑物尺度略小，数量适度，显得小巧精致。

2. 园林意境的创造

（1）诗与园林意境。诗文在园林艺术中的作用，首先表现在它直接参与园林景象的构成。中国园林内的匾额、碑刻和对联是组成园景的重要因素，它们能营造古朴、典雅的气氛，并起着烘托园景主题的作用。诗文不仅可用于突出全园主题，也常被用作园内景点的点题和情景的抒发，如"长留天地间"（苏州留园）、"与谁同坐轩"（苏州拙政园）等。

（2）画与园林意境。中国历来就有"诗画同源"之说，中国园林追求诗的意蕴，不可能不讲求画的境界。许多古典园林都是直接由画家设计和参与建造的，如唐代"诗佛"王维集诗、书、画于一身，在蓝田打造的辋川二十景成为中国古典园林艺术重要篇章。造园之理与绘画之理相通，其运动的、无灭点的透视，无限的、流动的空间，决定了中国古典造园方式是以有限空间、有限景物创造无限意境，即所谓"小中见大""咫尺山林"。

（3）空间组织与园林意境。运用延伸空间和虚复空间的特殊手法组织空间、扩大空间，强化园林景深，丰富美的感受。延伸空间即通常所说的借景，可以有效地增加空间层次和空间深度，取得扩大园林空间的视觉效果。虚复空间并非客观存在的真实空间，它是由于光的照射通过水面、镜面或白色墙面的反射而形成的虚假重复的空间，可以增加空间的深度和广度，取得扩大园林空间的视觉效果，增强园林空间的光影变化。

（4）写意手法与园林意境。造园艺术常用的写意、比拟和联想手法，使意境更为深邃。园林所追求的美首先是一种意境美，它并不强求逼真地重现自然山水的形象，而是把那些最能引起思想情感活动的因素摄取到园林中来，以象征性的题材和写意的手法反映高尚、深邃的意境，使观赏的人既感到亲切，又感到崇高。因此，园林中的山水树木大多重在它们的象征意义，其次才是其本身的实感形象，或说是它们的形式美。

此外，在我国古典园林中特别重视寓情于景，情景交融，寓意于物，以物比德。人们把作为审美对象的自然景物看作是品德美、精神美和人格美的一种象征。例如，我国历代文人赋予各种花木以性格和情感，构成花木的固定品格。造园者运用花木或游客欣赏花木时，联想到特定的花木种类所象征的不同情感内容，可以增强园林艺术的表现性，拓宽园林意境。

四、园林管理与园林美学

1. 园林日常养护与园林美

（1）植物配置的韵律美维护。植物的形态、颜色等特征是构成园林美的基础，植物的配置在园林中是有韵律感的。管理工作中，为了使园林的美得以常新，需要时时注意保持植物配置的合理安排，使其美感得到更好的体现。当然，园林中植物的总体配置是建园时大致安排好的，尤其是一些高大树木、灌木、花坛等的位置都有设计安排。但一些草本植物、一年生花卉需要经常更换，日常维护工作中就要注意高大乔木与低矮植物的协调、配合和花卉颜色的搭配。

总之，园林植物日常养护的目的绝不仅是使花草树木能健康生长，还应从更好地发挥自然美及体现整个园林的美感的高度来考虑。

（2）植物的生长变化与园林美。园林中植物的高低、疏密及品种的配置，在建园时一般是有意识地加以安排的。然而，随着树木的生长，其高低、疏密会发生变化，有时会造成一些难题。如江南一带的风景园林中，常在山上建供游客登高远眺的"望江亭"之类建筑，亭前种植树木，十几年一过，这些树木长高了，枝叶可能遮住亭中游客的视线，就会影响景观美的效果。

还有一些人工整形修剪的绿篱或特殊造型的树木，如松柏动物造型、建筑造型、紫薇编成的花篮、拱门等，更要经常加以维护，使其保持原有的作用和特点。同时还要注意与周围环境的协调，如果环境、背景有所变动，则整形修剪的植株也要考虑做适当调整。

（3）园林清洁健康美。园林除了观赏效果以外，本身还承担着净化环境的作用，因此园林管理中还有一条与园林美有关的原则，那就是"清洁健康也是美"。这一原则在许多发达国家都作为园林管理的一项行之有效的经验。植物保持清洁、无病虫害，建筑、雕塑无人为破坏、乱涂乱画的园林才能使人身心愉快、赏心悦目。

2. 园林更新与园林美

（1）协调更新。园林除了做好日常维护以外，在必要时还需要进行局部景点的调整建设，如植物更新、道路和建筑翻修及增添等。这时一方面要考虑实际需求（包括审美需求和生活需求），另一方面仍要注意园林整体协调的美感与风格。

园林的美感要以自然美作为主要追求目标。在园林中设置建筑，不管是服务性用途还是其他用途，务求以不妨碍园林自然美为前提。植物更新时的原则和方法与日常维护时大致相同，但可以借更新植物之际，进一步突出某些景点特色，烘托气氛。从全园的植株安排来说，可以在整齐中求变化，将集中与分散相结合。当然，也可以根据一些新的实际情况、实际需求做相应调整。

道路、灯具等附属物的更新也同样要遵循协调美的原则。一些公园中的废物箱在造型、色彩上常常能考虑美学效果，这是很好的经验，但路牌、灯具的设置有时还没有考虑风格的协调。道路的调整和铺修当然要考虑游客量等实际情况，但与平常的城区道路应有所区别，力求不妨碍园林的美感。

（2）合理利用。合理利用园林空间是在园林更新、改建时应该注意的。着重提出这一点是因为近年来某些公园在盲目攀比的思想指导下，在园林建设中求繁求多，增设花坛、雕塑、喷水池、亭榭、长廊等而不考虑审美实际需要。

在园林更新、改建时，合理利用园林中原有的某些带有一定特点的景物，甚至利用园林外部环境中可作"借景"的一些客观形体，能达到事半功倍的效果。大城市中一些公园的周围环境中因城市建设的飞速发展，会出现一些造型、色彩别致的高大建筑物，在公园进行更新、改建时，就可以根据美学原理加以借用。

3. 园林管理与园林功效

园林的功效基本上是满足人民群众多层次、多角度的审美需求，园林管理工作应该从这个基本点出发，挖掘潜力，尽量以现有景观、设施为人民群众的文化生活多做贡献，这是许多园林管理人员应努力探索的途径。公园作为人民大众游憩的场所，可以在"游"与"憩"的内涵中进一步拓展内容，适应时代与群众的需求，探寻更深、更广的服务途径，从而对园林本身的建设及发展有所促进。

一些近代或现代兴建的公园可以利用本身的面积和环境开展一些有益的活动，但应该是在保持和发扬园林美的前提下，使活动内容和形式适合园林的特点，这样就可以做到既丰富人民大众的文化生活，又为公园创造更多的社会效益与经济效益。

各地公园可利用季节或地方特点在园内举办展览，如菊展、牡丹花展，或书画展、艺术展、园艺博览会等。这类活动都是利用园林特点，使花卉等展品与园林风景有机融合在一起，与一般的展览场所比较，公园在这方面具有得天独厚的优势，园内道路的曲折和高大树木的分隔，能使展览的各类特色分别得以展示，在美学效果上显然更胜一筹。

总之，园林经济效益的原则就是必须在保持、发扬园林美和公益性的前提下，通过具有特色的活动设计提高其经济效益。这是园林作为一门综合艺术在管理工作中应该遵循的方针之一。只有这样，才能保证园林长久地发挥它应有的整体社会效益，才能使园林在美化人民生活的同时发挥更充分的作用。

4. 园林可收藏之美

除上述在园林游览中的可见之美外，园林尚有可收藏之美，这种美可以使游客离园而去后仍能睹物思园。这里的收藏当然不局限于旅游纪念品本身，还包括一切可以引发怀想游园乐趣的物品乃至活动。当今，随着物质文化生活的丰富，人们对于游赏景区的需求不再局限于观赏、拍照的层次，而是希望相对长久地保存这份愉悦的记忆。

（1）独具魅力的特色纪念品。可唤起游兴记忆的收藏品多为旅游纪念品，但时下各地景点出售的小饰物、纪念章、文物复制品、工艺品等常常千篇一律，除了一些食品类的土特产外，难有特色可言。当然，一些著名景区也不乏成功例子，如绘有导游路线的庐山纸扇，可令游客神游各景点；成都杜甫草堂的现场手刻印石，颇显诗圣朴质遗风。

并非各景区都有现成的地方名产可用，尤其是一些以人工景物为主的公共园林，需要在开发自身景点美感的深层次价值上做文章。园中有代表性的景点皆可入画，加之现代科技的成像技术，可以在不同介质表面生成影像，从而使游人在水杯、手袋、文化衫上都能得到自己"画中游"的留影。这就需要园林管理者重视这些蕴含商机的领域，开发研究具有自身特色的艺术品，为园林美添加余韵。

（2）余味无穷的参与性活动。让游人通过参与性活动，更加深刻地了解园林美的内涵，同时又将一段有意义的经历作为珍贵记忆来珍藏。要体现自身价值，最直接的方法就是让游客参与园林美的创造过程，通过自己的劳动来体验创作美的快乐。可以辟出一片林地，让游客手植纪念树，将人生的美好记忆珍藏在树木的年轮里；也可以让游客在专业人员的指导下栽培花卉、修剪果树，在享受劳动成就感之余收获颇丰。当游客全身心地投入园林美的创造中时，不但增长了游兴与知识，还会将园林作为自己的作品来爱护、珍藏，同时也会创造可观的收益，可谓一举多得。

培训课程 3

气象学

一、气象学与园林生产的关系

地球作为人类赖以生存的场所，在其周围环绕着大气层，大气层内的空气称为大气。在大气中，不断发生着各种物理现象和过程，物理现象主要有风、云、雨、雪、光、声、电等，物理过程主要是大气的增温和冷却、蒸发和凝结等。气象学就是研究大气中所发生的各种气象现象和物理过程的科学。

园林植物的生存与气象因子有着密切的关系。在园林生产上主要表现在以下几个方面。

1. 引种

引种是把外地（包括国外）的栽培植物或野生植物引入本地栽培。在引入时，要考虑植物的原产地与引种地区的气候相似性和植物适应性，对两地的日照、温度、年降雨量等进行对比分析。直接从气候相似的地区引进的植物驯化较为方便。如果两地的气候相似性较差，则可通过人为改变原有的不利气象因子，创造有利的小气候条件，使植物能适应新的环境而生长发育。

园林技术人员要根据气候特点和植物适应性制定合理的引种方案，以免造成人力和物力的浪费和损失。一般来说，南方植物北移，主要会产生过冬问题；北方植物南移，基本上会产生度夏问题。应根据这些特点采取相应的措施，使植物安全过冬或度夏，避免伤害。

2. 采种

要根据气候和天气条件来预测种子的成熟期和采集期。一般在南方或平原地区，翌春暖得早，地面热量积累得多，气温上升，使植物开花和果实成熟得早；相反，同一种植物在北方或山区，则开花和果实成熟要晚些。天气状况对采种工作也有影响，比如在静风时宜采集翅果种子。

3. 绿化设计

在城镇、工矿等地区进行绿化设计和树种配置时，要了解该地的气候特点和大气污染情况，选择适宜和具有抗性的树种。这样既能美化周围环境，又能起到净化空气和改善小气候的作用。在高层建筑周围空地绿化植树时，应考虑建筑物的阴影对植物生长发育的影响，并选择相应的园林植物。

4. 病虫害防治

了解和掌握气象要素、天气、气候条件与园林植物病虫害发生的关系，是做好有害生物预测预报工作的前提条件。在城市里，各小区的环境差异很大，采用化学和生物防治方法防治园林植物病虫害时，必须选择有利的天气条件才能充分发挥其治虫杀菌的作用，达到预期的防治效果。

5. 育苗及绿化养护管理

根据当地气象、气候条件和极端灾害性天气预报，采取相应的耕作、栽培、管理及防台、防寒、抗旱等措施，才能繁殖和培育出符合标准的苗木。江南地区受台风影响较多，育苗场地要尽量避免设在风口处。

二、大气的组成和垂直结构

1. 大气的组成

（1）干洁大气。不含水汽和气溶胶粒子的混合空气称为干洁大气。干洁大气中氮气含量最多，约占干洁大气体积的78%；其次是氧气，约占干洁大气体积的21%；剩下的1%由其他各种气体构成，如臭氧、二氧化碳等。干洁大气主要组成及其作用见表2-7。

表2-7 干洁大气主要组成及其作用

干洁大气主要组成	作用
氮气	氮气是大气中含量最多的气体，氮是地球上生命体的基本成分，并以蛋白质的形式存在于有机体中。大气中的氮不能被植物直接吸收，但可同土壤中的根瘤菌结合，变成能被植物吸收的氮化物
氧气	氧气是维持人类及动物生命极为重要的气体，因为动植物都需要呼吸，并在氧化作用中获得能量，以维持生命。氧还决定着有机物质的燃烧、腐败及分解过程
臭氧	大气中的臭氧主要是氧分子在太阳紫外线辐射作用下形成的。大气中臭氧对太阳紫外线辐射的吸收能力很强。由于紫外线对动植物有杀伤作用，因此臭氧的存在对地球上有机体的生存起保护作用
二氧化碳	大气中的二氧化碳来源于海洋及陆地上有机物的腐烂分解，动植物的呼吸作用，火山喷发，石油、煤等矿物的燃烧等。大气中的二氧化碳含量随时间和地点而不同，一般夏季少，冬季多；白天少，夜间多；农村少，城市、工矿区多。二氧化碳属于温室气体，它吸收和放射长波辐射的能力很强，对空气和地面有增温效应

(2)水汽。水汽来源于潮湿陆面、水面和植物的蒸发等。在大气中水汽含量随着时间、地点和条件的不同有较大的变化。一般纬度越高,水汽含量越少;离海越远,水汽含量越少;高度越高,水汽含量越少,且随着高度增高急剧减少。

大气中水汽含量的多少,对动植物的生长发育有着重要作用,因为它能影响植物蒸腾和土壤蒸发的速率,并间接制约着植物对二氧化碳的吸收、病菌的萌发和流行。

(3)气溶胶粒子。气溶胶是指大气中处于悬浮状态的土壤、肥料、浓烟等的小颗粒,以及微生物、植物孢子和花粉、小水滴等。它们多集中在低层大气中,在水汽发生凝结时可充当凝结核心,对云和降水的形成起着重要的作用。

2. 大气的垂直结构

根据温度、成分、电荷等物理性质,同时考虑大气垂直运动等情况,可将大气从地面到大气上界分为5层,即对流层、平流层、中间层、热层和散逸层。大气的垂直结构如图2-16所示。

对生物生长发育影响最大的主要是对流层。对流层是靠近地表的大气最底层。它的厚度随纬度和季节的不同而有所变化。就季节而言,夏季厚,冬季薄。云、雾、雪、风等主要大气现象都发生在这一层中,它是变化最复杂的层次,因而也是对人类生产、生活影响最大的一层大气。

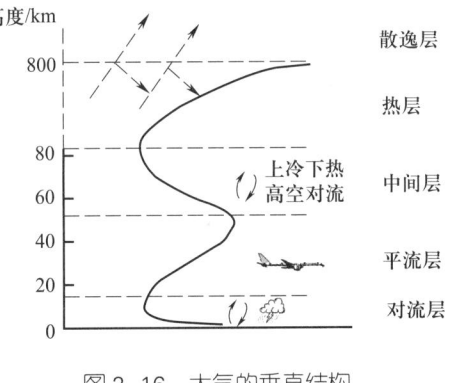

图 2-16 大气的垂直结构

三、辐射

1. 太阳辐射

太阳不停地以辐射的方式向宇宙空间放射巨大的能量,这些放射出来的光、热能量总称为太阳辐射能,简称太阳辐射或太阳能。太阳辐射是地球上一切生命活动最重要的能量来源,也是导致地球上气候形成和变化的重要因子。

(1)太阳辐射光谱。太阳辐射经色散分光后按波长排列的图案被称为太阳辐射光谱。太阳辐射光谱包括无线电波、红外线、可见光、紫外线、X射线、γ射线等波段。

在大气上界太阳辐射能量的99%集中在波长$0.15 \sim 4.0 \mu m$的光谱区内,不同波长的光线对植物生长发育所起的作用是不同的,尤以紫外线光谱区、可见光谱区和红外线光谱区与其关系最密切。

可见光是植物进行光合作用的能源，植物叶子在可见光照射下吸收二氧化碳，通过叶绿素进行光合作用。紫外线波长较短的部分能抑制植物的生长，还能杀死病菌，消毒土壤和植株。紫外线波长较长的部分能促进种子发芽和果实成熟，增加果实的含糖量且有利于花卉着色。红外线被地面吸收转变为热能，提高地温和气温，供应植物生长所需要的热量，促进植物内水分循环及蒸腾。

（2）到达地面的太阳能量。太阳辐射通过大气后，到达地面的有两部分：一部分是以平行光线的形式直接投射到地面上的太阳直接辐射，另一部分是经散射后自天空投射到地面的散射辐射，两者之和即总辐射。

2. 地面辐射

地面吸收太阳辐射，同时按其本身的温度向外放射能量，称为地面辐射。地面辐射能力随地面温度和地面性质而改变。地面性质相同时，地面温度越高，辐射能力则越强。地面辐射日夜不停地进行着，白天地面温度比夜间高，因此地面辐射比夜间强，但是白天因吸收的太阳辐射总量大大超过了地面辐射所损失的能量，因而地面温度上升；夜间没有太阳辐射补偿时，由于地面辐射失掉热量，地面温度便会降低。

3. 大气辐射和大气逆辐射

大气主要吸收地面辐射，同时按其本身的温度放出辐射，称为大气辐射。大气辐射朝向四面八方，其中一部分外逸到宇宙中，另一部分投向地面，投向地面的这部分大气辐射称为大气逆辐射。地面辐射被大气吸收，同时大气逆辐射的一部分又被地面吸收，即大气对地面起到了保温作用。

4. 地面有效辐射

地面发出的辐射与地面吸收的大气逆辐射之差称为地面有效辐射。白天，地面得到的太阳辐射大于地面有效辐射，地面和空气增温；夜间，地面只有有效辐射，地面和大气降温。一般阴天的大气逆辐射强度可增大3～4倍，云像一条被子覆盖于地面上使地面有效辐射减弱，故有"云作被，夜不寒；晴夜冷，阴夜暖"之说法。

四、土壤温度和大气温度

1. 土壤温度（简称土温、地温）

（1）土壤热交换方式。土壤温度的变化取决于与外界热量交换的状况。土壤表面的温度变化主要是由于土壤表面热量收支不平衡引起的。土壤表面的热量交换方式包括辐射、分子传导、潜热交换、对流和湍流交换等，而土壤中的热量交换则主要是分子传导。

（2）土壤温度日变化。土壤温度在一昼夜间随时间的连续变化被称为土壤温度的日变化。不同深度土壤温度日变化如图2-17所示。观测表明，一天中土壤表面的最高温度一般出现在13时左右。次日将近日出时，热量累积值最小，出现一天中的最低温度。

（3）土壤温度年变化。土壤表面温度的年变化主要取决于太阳辐射的年变化。在北半球中高纬度地区，土壤表面月平均最高温度一般出现在7月，月平均最低温度一般出现在1月。一年中，土壤最热月平均温度和最冷月平均温度之差称为土壤温度年变化，即土壤温度的年较差或年变幅。不同深度土壤温度年变化如图2-18所示，土壤温度年变化随着深度增加而降低，一年中不同土层中最高温度出现的时间随着深度的增加而滞后。

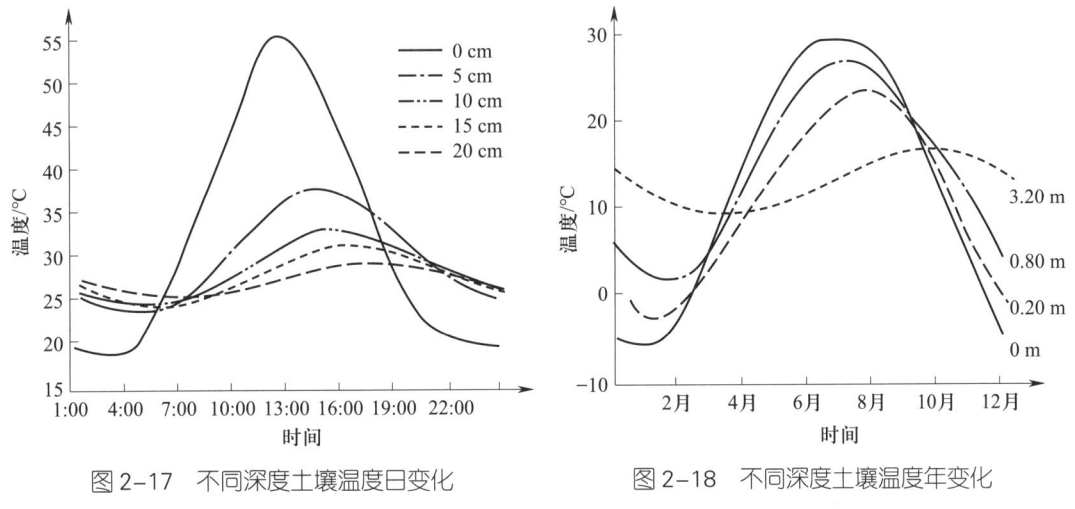

图2-17 不同深度土壤温度日变化　　图2-18 不同深度土壤温度年变化

2. 大气温度（简称气温）

（1）气温日变化。气温的变化和土壤一样，一天中有一个最高值和一个最低值。通常最高温度出现在14—15时，最低温度出现在日出前后。但由于季节和天气的影响，最高及最低温度出现时间可能提前或延后。一天中，最高气温与最低气温之差称为气温日变化，也称气温日较差。影响气温日变化的因素有纬度、季节、地形、下垫面性质、天气状况等。

（2）气温年变化。气温年变化与地面温度年变化十分相似。在北半球中高纬度地区，一年中最热月和最冷月分别出现在7月和1月，北半球海洋上和临海地区最热月和最冷月分别出现在8月和2月。一年中月平均气温的最高值与最低值之差被称为气温年变化，也称气温年较差。影响气温年变化的因子有纬度、距海远近等。

（3）气温非周期变化。气温除具有周期性的日变化、年变化外，在大气水平运动的影响下还会发生非周期变化。这种变化的幅度和时间没有一定的周期，而是随气流的冷暖性质和运动状况而不同。在中高纬度地区，由于冷暖空气交替频繁，气温非周期变化比较明显。例如，3月以后，我国江南正是春暖花开的时节，却常常因为冷空气南下而出现气温骤降的现象。

3. 温度与植物

（1）温度指标。影响植物生长发育的各种生理活动温度称作生物学温度。生物学温度通常用三个温度指标表示，即生物学最低温度、生物学最适温度和生物学最高温度。生物学最低温度是植物生理活动过程起始的下限温度，生物学最适温度是植物生理活动最旺盛、生长最迅速的适宜温度，生物学最高温度是植物生理过程能承受的最高温度。

（2）界限温度。除了上述三种温度指标之外，对植物生长发育有影响的还有界限温度，一般取日平均温度0 ℃、5 ℃、10 ℃、15 ℃、20 ℃，这些温度的起止日期和持续日数对树木生长有重要意义，见表2-8。

表2-8 界限温度

界限温度/℃	说明
0	表示开始冻结或解冻、农事活动开始或终止的界限温度
5	表示大多数树木开始或停止生长的界限温度，通常把日平均气温稳定大于等于5 ℃的日数称作植物生长期
10	表示大多数树木活跃生长的界限温度，日平均气温稳定大于等于10 ℃日数称作活跃生长期
15	日平均气温稳定大于等于15 ℃日数称作喜温树种活跃生长期
20	日平均气温稳定大于等于20 ℃日数称作热带和亚热带树种活跃生长期

（3）积温。植物在一定的温度范围内才能开始生长发育，而且需要达到一定的热量总和，才能保证完成植物某个或整个生长发育期。总的热量通常是用植物生长发育期日平均气温的累积数来表示，这个累积温度称作积温。

积温有活动积温和有效积温两种。植物完成某个或整个生长发育期活动温度的总和被称作活动积温。活动温度与植物生长发育下限温度的差值被称作有效温度，植物在某个或整个生长发育期内有效温度的总和被称作有效积温。

五、大气中的水分

1. 空气湿度

空气湿度是表示大气中水汽含量的物理量的总称,用于定量描述空气的干湿程度。空气湿度显著影响植物蒸腾和吸水,与授粉的成功率及病虫害的发病率也密切相关。空气湿度常用物理量见表2-9。

表2-9 空气湿度常用物理量

物理量	说明
水汽压	大气中由水汽所产生的分压强称为水汽压。空气中水汽含量多,水汽压就大,反之水汽压则小。水汽压的单位是帕斯卡(Pa)或百帕(hPa)
绝对湿度	单位容积空气中所含的水汽质量被称为绝对湿度。它实际上就是水汽密度,绝对湿度不能直接测量,但可通过气温、水汽压间接计算而得
相对湿度	空气中的实际水汽压与同温下饱和水汽压的比值被称为相对湿度,它用以表示空气潮湿程度。相对湿度越小,表示空气越干燥;相对湿度越大,表示空气越潮湿
饱和差	同温下的饱和水汽压和实际水汽压之差被称为饱和差。饱和差的大小直接反映了空气距离饱和的程度,饱和差愈大,表示空气愈干燥;饱和差愈小,表示空气愈潮湿
露点温度	在空气中水汽含量不变和气压一定的条件下,通过降低温度而使空气达到饱和时的温度被称为露点温度,简称露点,单位为℃

2. 蒸发和蒸腾

蒸发是指当温度低于沸点时,水分子从液态或固态水的自由面逸出而变成气态的过程和现象。蒸发主要有水面蒸发和土壤蒸发,在影响水面蒸发的诸多因子中,水面的温度通常是起决定作用的因子。土壤表面的蒸发取决于土壤含水量、气象条件、土壤结构、土壤性质、植被等因子。

植物体内的水分通过体表(主要是叶片表面)汽化进入大气的过程被称为植物蒸腾。植物一生中从土壤吸收大量水分,只有很少部分用于组成植物体本身,绝大部分通过叶面气孔扩散到大气中去。植物蒸腾的主要作用是提供植物吸水动力、输送养分、调节植物体温。

3. 水汽凝结物和降水

(1)水汽凝结物。产生于地表或地物上的水汽凝结物主要有露、霜、雾凇等,产生于空气中的水汽凝结物主要有云和雾。

（2）降水。降水是指云中降落到地面的液态或固态水，包括雨、雪、冰雹、霰等，降水表示方法见表2-10。

表2-10　降水表示方法

表示方法	说明
降水量	从云中降落到地面的液态或固态水，未经蒸发、渗透和流失，在水平面上所积聚的水层深度称为降水量，以mm为单位，取一位小数
降水强度	单位时间内的降水量称为降水强度，以mm/d或mm/h为单位。按降水强度的大小，雨的降水等级可划分为小雨、中雨、大雨、暴雨、大暴雨和特大暴雨，雪的降水等级可划分为小雪、中雪、大雪、暴雪、大暴雪和特大暴雪

六、气压和风

1. 气压

（1）气压及其单位。大气受到地球引力作用，具有一定质量，因而对地面及处于其中的物体产生压力。大气作用于单位面积上的力称为大气压强，简称气压。一地的气压等于该地单位面积上大气柱的重量。气压的单位是百帕（hPa）和毫米汞柱（mmHg），二者的关系为 $1\ hPa \approx 0.75\ mmHg$。

（2）气压随高度的变化。大气层的厚度和空气密度都随高度的增加而减小，因此在同一地点、同一时刻，随着高度的增加，气压减小。

2. 风

（1）风的概念。空气相对于地面的水平运动称为风。风是矢量，包括风向和风速。风向是指风的来向，常用16个方位表示，如东风是指空气自东向西运动。风速是指单位时间内空气水平移动的距离，通常用米/秒（m/s）表示。

（2）季风。大范围地区的盛行风向随季节有显著改变的现象称为季风。这种随季节改变的风，冬季由大陆吹向海洋，夏季由海洋吹向大陆，随着风向的转变，天气和气候的特点也随之发生改变。

季风现象在很多地区存在，其中南亚季风和东亚季风势力最强、范围最广。我国大部分地区的季风属于东亚季风。

1）东亚季风特点。冬季盛行西北风、北风，夏季盛行东南风，风力冬强夏弱。冬季风盛行时，气候寒冷、干燥、少雨；夏季风盛行时，气候高温、潮湿、多雨。

2）南亚季风特点。冬季盛行东北风,夏季盛行西南风,风力冬弱夏强。冬季低温干燥,夏季潮湿多雨;干湿季明显,降水具有爆发性。

（3）地方性风。与地形或地表性质有关的局部地区的风称为地方性风。一般地方性风的形成与气压场的关系很小,它也只在晴朗天气下才表现显著。常见的地方性风有海陆风、山谷风、焚风、峡谷风等,见表2-11。

表 2-11　常见的地方性风

类型	定义	图示
海陆风	由于海陆的热力差异而造成的以一天为周期,随着昼夜交替而改变风向的风。白天吹海风,夜间吹陆风	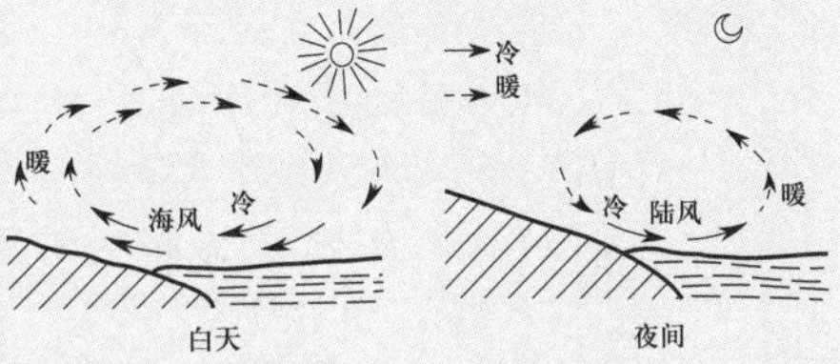
山谷风	在山区,由于山坡和周围空气受热不同所造成的以一天为周期,随着昼夜交替而改变风向的风。白天为谷风,夜间为山风	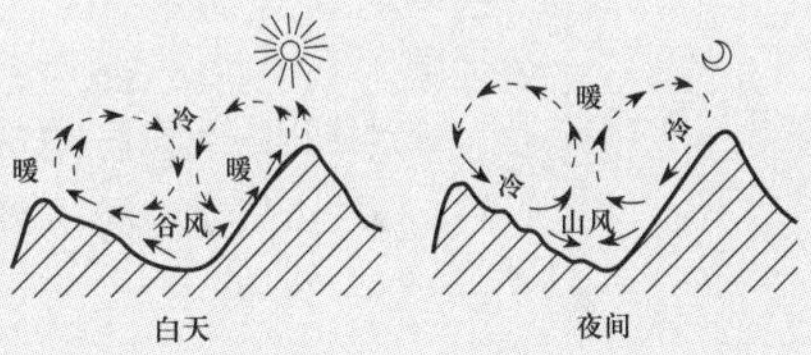
焚风	未饱和湿空气受山地阻挡被迫做动力抬升后,沿背风坡下滑形成的干热风	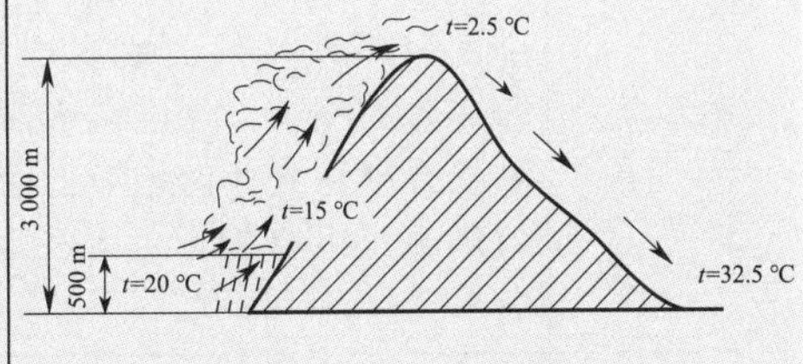
峡谷风	气流由开阔地区进入狭窄谷地后形成的强风	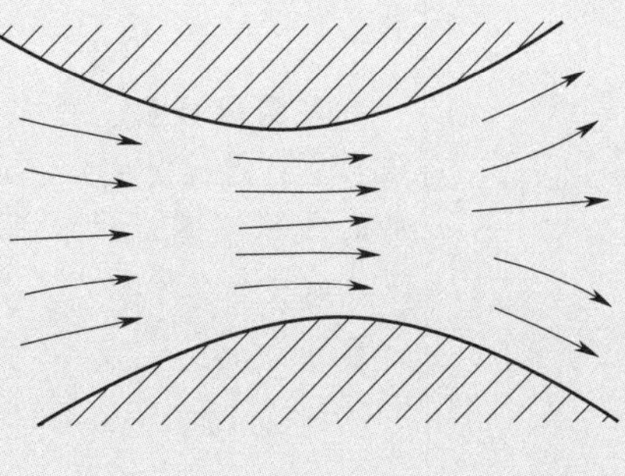

七、灾害性天气和群众看天经验

1. 灾害性天气（见表2-12）

表2-12 灾害性天气

灾害性天气	说明	预防或补救措施
寒潮	寒潮是指大范围强冷空气活动引起气温下降的天气过程。中国气象局制定的全国性寒潮标准是：使某地日最低气温24 h内降温幅度大于等于8℃，或48 h内降温幅度大于等于10℃，或72 h内降温幅度大于等于12℃，而且使该地日最低气温下降到4℃或以下的冷空气	（1）培土：通过中耕培土提高根际周围土壤温度 （2）使用防冻霜：在倒春寒来临前3~5天及时喷施防冻霜，可显著提高植物抵抗倒春寒的能力 （3）灌水：在土壤封冻前灌水保持土壤的温度和湿度，使苗木增强抗冻和抗风能力 （4）风障：倒春寒来临前，针对新移植树木可搭建防风屏障，减轻寒害
霜冻	霜冻是植物在接近0℃或0℃以下低温时体内冻结而产生的伤害。通常所说的霜与霜冻是有区别的，不能认为是同一种现象	（1）根据当地的气候特点，培育和选用抗寒性比较强的苗木品种。选择适宜种植时期，遵循"霜前播种，霜后出苗"的原则，并加强田间管理，多施磷肥、钾肥，提高苗木抗寒能力 （2）在霜冻形成之前，用熏烟、灌溉、覆盖、加热等方法直接增热或减少地面夜间辐射冷却，起到防御霜冻的效果
龙卷风	龙卷风是大气中最强烈的一种涡旋现象，寿命短促，范围很小，但风力极强，破坏性极大。外形为漏斗状云柱，从浓积云或积雨云中垂直伸向地面，由凝结的水滴、地面杂物及从水体卷去的水分组成	（1）植树造林，保持水土，减少对流，破坏其形成条件 （2）增加水体面积，缓和垂直对流 （3）加强监测预报，适时发出警报，向安全方向躲避
冰雹	一种局地性强、季节性明显、来势急、持续时间短、以砸伤为主的气象灾害，对农业、交通、建筑设施和生命财产危害很大	（1）提高监测和预报冰雹的水平 （2）改造下垫面，通过植树、种草、绿化荒山、扩大灌溉面积等措施，缩小下垫面热力差异，从而减少冰雹灾害 （3）调整农业结构，以防为主 （4）人工消雹，在冰雹云中播撒碘化银等催化剂，令水汽加速凝结成雨或缩小成小冰雹 （5）冰雹灾害后的补救，即根据灾情、作物、生育期等及时中耕松土提高地温，追施速效肥并浇水促进植株恢复生长

2. 群众看天气经验（见表2-13）

表2-13 群众看天气经验

类型	农业气象谚语	说明
看温度测天气	冬冷多晴，冬暖多雨	冬季天气寒冷是正常现象，只有冷得足，才能晴得久，倘若一旦转暖，常常形成雨雪天气
	冷得早，暖得早	冬季西北风来得早，冷得就早，反之就冷得晚。每一种环流特征持续时间一般长短相差不大，因此当冬季环流出现得早时，则其转入春季环流也较早
看物象测天气	地返潮，要下雨	一般出现在春夏季节气压较低的日子里，由于空气中水汽过多而造成返潮，预示将下雨
	鱼跳水，有雨来	夏秋温暖季节，特别是盛夏的早晨或傍晚，有时能看到湖塘里的鱼跳出水面，预示将下雨
	燕子低飞要落雨	在春末到秋初的温暖季节里，有时在午后或傍晚可看到燕子低飞，预示将下雨
看雾、露、霜测天气	三朝迷雾发西风，若无西风雨不空	秋冬季节，上海地区在早晨出现辐射雾，且常连续3天或3天以上，表示原有的冷空气已增暖变湿，预示新的一次冷空气将要南下，因此要刮西北风。如冷空气不南下，或者吹东北风，则暖湿空气继续加强，当其与冷空气相遇就形成降水
	霜后南风连夜雨	春季如出现霜，白天风向转为偏东风或偏南风，一般到夜里或次日早晨就可能下雨

培训课程 4 植物及其分类

一、植物的作用和应用

1. 植物与园林植物

植物是生物的一大类,指能固着生活和自养的生物,是生命的主要形态之一。

园林植物是一切适用于园林绿化(从室内花卉装饰到风景名胜区绿化)的植物材料的统称,既包括木本植物,也包括草本花卉;既有观花植物(即狭义的花卉),也有观叶、观果、观树姿等植物,以及适用于园林绿化和风景名胜区的若干保护植物(环境植物)和经济植物。丰富多彩的园林植物是构成园林风景的重要因素之一。

2. 园林植物作用

园林植物种类繁多,色彩丰富,形态各异,作用多样。

(1)园林植物具有很强的观赏作用,其花、果、枝干、刺毛、根系、叶色、香味、树形等都具有观赏性。

(2)在改善和保护环境方面,园林植物能起到降低温度、增加空气湿度、净化空气、降低噪声、涵养水源、保持水土、防风固沙、抗灾防火、减少光污染、维护生物多样性等作用。

(3)在美化环境方面,园林植物能美化建筑、山水,还能装扮环境和烘托节日气氛。园林植物也是街道、广场、商场和家具的装饰材料。

(4)园林植物具有一定的文化、教育作用。尤其在中国,植物文化源远流长。国花、国树、市花、市树象征地域特点,体现地域文化。又比如"梅兰竹菊""松竹梅"等都具有独特的寓意。此外,古树名木也是珍贵的资源,是城市历史的见证。

3. 园林植物应用

随着生产力的不断发展,园林植物的应用从实用转向实用和观赏兼顾。目前,城市绿地园林植物的应用在保证科学性的基础上,注重兼顾艺术性和改善生态环境功能。

二、植物器官

种子植物的个体发育从种子开始,经过种子成熟、发芽形成幼苗,生长成具有根、茎、叶的植物体,再开花,形成果实和种子。在植物个体发育过程中,根、茎、叶、花、果实和种子六种器官都具有一定的形态结构并担负一定的生理功能,分为营养器官和繁殖器官。

1. 营养器官

种子植物的根、茎、叶与植物营养物质的吸收、合成、运输和贮藏有关,叫做营养器官。

(1)根。根是维管植物的重要营养器官,是植物在长期进化过程中适应陆地生活的产物。根一般生于地下,形成根系。根的主要功能是吸收和输导水和溶于水的各种矿物质,为植物体的地上部提供稳固的支持与固着作用,还可合成氨基酸、生物碱、植物激素等有机物质。根还是重要的贮藏器官,将光合作用产生的有机物贮藏起来,以便需要的时候提供能量。根上产生的不定芽具有营养繁殖的作用。

常见的变态根有贮藏根(如大丽花)、气生根(如榕树、凌霄)、寄生根(如菟丝子)等。

(2)茎。茎是维管植物共有的营养器官,通常生长在地面上,将植物体的叶(光合部分)与根(非光合部分)连接起来。茎的主要功能是支撑和输导作用,很多植物的茎可以储藏养料和水分,有些植物的茎可以进行营养繁殖,幼嫩的茎常能进行光合作用。

常见的变态茎主要有根状茎(如竹类、鸢尾)、茎卷须(如葡萄)、贮藏茎(如郁金香、唐菖蒲)、叶状茎(如竹节蓼)、茎刺(如皂荚)等。

(3)叶。叶着生在茎的节部,是由茎尖的叶原基发育而成的器官,主要功能是进行光合作用与蒸腾作用,还具有气体交换、吸收矿物质和储藏有机物等功能,少数植物的叶还能繁殖新植株。

常见的变态叶主要有苞片(如一品红)、总苞(如珙桐)、鳞叶(如水仙、百合)、叶卷须(如豌豆)、捕虫叶(如猪笼草)、叶状柄(如台湾相思树)、叶刺(如刺槐、小檗)等。

2. 繁殖器官

花、果实和种子与植物的繁殖有关,是种子植物的繁殖器官。

(1)花。花是种子植物特有的繁殖器官。花的形成在植物个体发育中标志着植物从营养生长转入生殖生长。在花中形成有性繁殖过程中的雌、雄生殖细胞,并在花器官中完成受精,进一步形成果实和种子,繁衍后代,延续种族。

花由花柄、花托、花萼、花冠、雄蕊和雌蕊组成，花萼和花冠合称花被。花被保护雄蕊和雌蕊，并有助于传粉。雄蕊和雌蕊完成花的有性繁殖，是花的重要组成部分。有些植物是一朵花单独生于枝顶或叶腋，叫单生花，如玉兰、荷花等。但多数植物的花是按一定规律多朵生在一个花序轴上。花在花序轴上排列的方式叫花序，分为无限花序、有限花序和混合花序。

（2）种子和果实。种子是所有种子植物特有的器官。种子有无包被，是裸子植物和被子植物的重要区别之一。被子植物完成受精后，胚珠发育成种子，子房发育为果实。种子由种皮、胚和胚乳组成。

受精完成后，子房或子房以外其他与之相连的部分迅速生长，发育成果实。多数植物果实的果皮单纯由子房壁发育而成，为真果；除子房外，还有其他部分参与果实组成的果实为假果，如苹果。果实还可分为单果、聚合果、聚花果，或按果皮分为干果和肉果。

三、植物分类基础

在植物分类学发展过程中，形成了不同的分类方法，主要可分为两类，一是人为分类法，二是自然分类法。以自然分类法建立的分类系统称为自然分类系统，自然分类是其他所有分类方法的基础，各国分类学者根据现有植物材料及各自观点创立了不同的自然分类系统。其中，APG（angiosperm phylogeny group）系统是被子植物系统发育研究组建立的被子植物分类系统，目前英国邱园和中国"植物智"网站都改用了APG系统。

1. 植物分类阶层系统

（1）界、门、纲、目、科、属、种。植物分类阶层系统主要包括7个级别，为界、门、纲、目、科、属、种。种是基本的分类单元，近缘的种归并为属，近缘的属归并为科，科隶属于目，目隶属于纲，纲隶属于门，门隶属于界。有的阶层植物种类繁多，可在上述级别下设立亚级别，如亚种、亚属等。

种是自然界中客观存在的一个类群，这个类群中的所有个体都有极其近似的形态特征和生理、生态特性，个体间可以自然交配产生正常的后代而使种族延续，它们在自然界中有一定的分布区域。种是繁殖和进化的基本单位，不同种的个体间存在"生殖隔离"现象。

国际植物命名法规规定以双名法作为植物学名的命名法，双名法规定用两个拉丁词或拉丁化的词作为植物的学名，即用属名和种名作为植物的学名，属名首字母大写，如银杏（*Ginkgo biloba*）。每一种植物只有一个合法的学名，即拉丁名，在植物识别和应用中,使用植物中文正名并附上拉丁名,可以避免同名异物或同物异名问题。

(2)亚种、变种和变型。种下有亚种、变种和变型。

1)亚种(subspecies)。亚种是种内变异类型,除了在形态构造上有明显变化,在地理分布上也有一定较大范围的地带性分布区域,如水仙亚种($Narcissus\ tazetta$ subsp. $chinensis$)。亚种拉丁名先在种名后加缩写字"subsp.",再写亚种名。

2)变种(variety)。变种是种内变异类型,在外形构造上有显著变化,但没有明显的地带性分布区域。变种是自然形成的,如矮紫杉变种($Taxus\ cuspidata$ var. $umbraculifera$)。变种拉丁名先在种名后加缩写字"var.",再写上变种名。

3)变型(form)。变型指在形态特征上变异较小又明显可见的类型,如花色不同、毛的有无。变型是常用的最小一级的植物分类阶元,通常不与地理分布相关。变型拉丁名先在种名后加缩写字"f.",再写上变型名。

(3)杂交种和栽培品种

1)杂交种。在自然或人工环境下,某些生长在一起的植物种类会发生自然杂交或人工杂交,所得的后代称为杂交种。在杂交种的拉丁名中用一个"×"来表示杂交种的分类地位,如大花三色堇($Viola$ × $wittrockiana$)。

2)栽培品种。在栽培状态下,由植物育种者创造培育出变异的新植物被称为品种,它们会有一个品种名,如龙柏($Juniperus\ chinensis$ 'Kaizuca')。栽培品种拉丁名先在种名后加单引号,将品种名正体写于单引号内,品种名首字母均大写。

2. 植物分类相关概念

在植物自然分类和人为分类中出现了很多概念,下面对园林绿化日常工作中经常出现的一些重要概念进行简单阐述。

(1)木本植物和草本植物。木本植物是指根和茎因增粗生长形成大量的木质部,而且细胞壁也多数木质化的坚固植物。木本植物的植物体木质部发达,茎坚硬,多年生。

草本植物是指茎内的木质部不发达、含木质化细胞少、支持力弱的植物。草本植物体形一般都很矮小,寿命较短,茎干软弱,多数在生长季节终了时地上部或整株植物体死亡。根据完成整个生活史的年限长短,分为一二年生草本植物和多年生草本植物。

草本植物和木本植物主要有4个基本区别。

1)茎的结构不同。木本植物比较坚硬,草本植物比较柔软(草质茎),这是木本植物和草本植物的本质区别。

2)生长周期不同。木本植物主要为多年生植物,草本植物则为一二年生和多年生,相对较短。

3）形态不同。木本植物比较高大（其中乔木主干明显），草本植物比较矮小。

4）生长习性不同。草本植物会随着地理纬度和栽培习惯而改变生长周期，而木本植物的生长周期通常不会改变，都是多年生植物。

（2）裸子植物和被子植物。种子植物分为裸子植物和被子植物。植物界分类（到纲）如图2-19所示。裸子植物指种子裸露且无果皮包被的植物，如苏铁、银杏等。被子植物是种子不裸露且有果皮包被的植物，如榆树、玉兰等。其中，被子植物又分为双子叶植物和单子叶植物。

植物界			
孢子植物亚界	种子植物亚界		
	裸子植物门	被子植物门	
		单子叶植物纲	双子叶植物纲

图2-19　植物界分类（到纲）

（3）常绿树和落叶树。常绿树指春夏季节新叶发生后老叶才逐渐脱落，终年常绿的树，如云杉。落叶树指寒冷或干旱季节到来前，叶同时枯死脱落的树种，如悬铃木。

（4）针叶树和阔叶树。针叶树是树叶细长如针的树，如雪松。相对于针叶树，普通叶子的树为阔叶树，如香樟。

（5）露地花卉和温室花卉。露地花卉是指整个生长发育期可以在露地进行或主要生长发育期能在露地进行的花卉。它包括一些露地春播、秋播或早春需用温床、冷床育苗的一二年生草本花卉及多年生宿根、球根花卉，如百日草、萱草、唐菖蒲、鸢尾等。

温室花卉是指当地常年或在某段时间，必须在温室中栽培的观赏植物。因中国地域广大，有些植物在某些地方可以露地栽培，但在某些地方则需要在温室栽培，如茉莉在中国南方为露地花卉，而在华北、东北地区则为温室花木卉。

3. 园林植物类型

园林植物种类繁多，对其进行分类便于人们掌握植物形态特征、生活习性、园林用途等方面的特点，更好地进行应用。

（1）按植物生物学特性及生长习性分类。依据植物生物学特性及生长习性将园林植物分为园林树木和园林花卉。

（2）按对环境因子的适应性分类。不同植物有不同的适生环境，其中温度、水分、光照、土壤等生态因子是限制园林植物分布和应用在不同区域和环境的决定因素。

1）温度是影响植物分布和生长的重要生态因子之一。依据对于温度的不同要求，可将园林植物分为不耐寒性植物、半耐寒性植物及耐寒性植物。

2）依据对于水分的不同依赖程度，可将园林植物分为旱生植物、中生植物、湿生植物和水生植物。其中，水生植物是指常年生活在水中或在其生命周期内某段时间必须生活在水中的植物。

3）光是植物进行光合作用的能量来源。植物根据其对光照强度的需求，可分为阳性植物、阴性植物和中性植物。根据日照长短对植物开花的影响，植物可分为长日照植物、短日照植物和中日照植物。

4）土壤酸碱度对植物影响较大，植物依据其对土壤酸碱度的要求可分为酸性土植物、中性土植物和碱性土植物。依植物在盐碱土上生长发育的状况，植物可分为喜盐植物、抗盐植物、盐土植物和碱土植物。

（3）按观赏特征分类。植物按观赏特征，可分为观花类（花色、花形、花香）、观叶类（叶色、叶形）、观果类（果色、果形）、观枝类和观姿类植物。

（4）按园林用途分类（见表2-14）。根据实际应用，植物可分为孤植树、行道树、庭荫树、花灌木、攀缘植物、绿篱植物、地被植物、花坛植物、花境植物、水生和湿生植物、岩生植物、专类植物、草坪草、观赏草、室内植物、切花植物等。

表2-14 按园林用途分类

类别	说明
孤植树	主要表现树木的形体美，可以独立成景以供观赏，也被称为孤赏树或标本树。孤植树一般树形优美独特、花朵醒目芳香、果实鲜艳奇特或富有特殊意义，一种树也可同时具有上述多项特征。孤植树种植位置一般选择在开阔空旷的地点，如开阔草坪上的显著位置，形成空间的焦点
行道树	在道路两旁栽植，给车辆和行人遮阴并构成街景。行道树应具有深根性、主干直、分枝点高、耐土壤瘠薄、耐汽车尾气污染、耐修剪、抗病虫害、对人无害等特性，且景观特性好、春季发叶早、秋季落叶迟、绿期长、干挺枝秀、花果美丽、植物体量与街道两侧建筑的景观比例协调
庭荫树	又称绿荫树，主要有形成绿荫供游人纳凉、避免日光暴晒、美化环境等作用，常植于庭院、园路、林荫广场或集散广场周边。庭荫树应叶花果俱佳，避免采用有毒有害、污染环境及行人衣物、有飞毛或飞絮等的植物种类。温带地区的庭荫树一般多为冠大荫浓的落叶乔木，在夏季可以遮阳纳凉，在冬季人们需要阳光时又可以透光取暖
花灌木	通常指花朵美丽、果实艳丽或茎干姿态优美的灌木。这类植物是构成园林中下层景观及装饰园路、小品、水体、山石等从而形成各类色彩景观的主体材料
攀缘植物	通过细长的茎蔓、卷须、吸盘、钩刺等器官依附于他物而生长的植物，是各类棚架、凉廊、栅栏、围篱、墙面、拱门、阳台、灯柱、山石、枯树等垂直绿化的优良材料

续表

类别	说明
绿篱植物	由灌木或小乔木以近距离的株行距密植，栽成片状、带状，通常修剪整齐的一种园林栽植形式。绿篱主要起美化环境、分隔空间、屏障视线、引导视线于景物焦点等作用，或作为雕塑、喷泉等园林设施的背景。可用作绿篱的植物，一般为叶小而分枝多，易萌蘖，适应性强，耐修剪并耐阴的种类。根据功能和观赏要求，绿篱有常绿篱、落叶篱、花篱、彩叶篱、观果篱、刺篱、蔓篱等
地被植物	能覆盖裸露地面或斜坡，低矮或匍匐的草本、灌木或藤本植物。地被植物是园林绿化的重要组成部分，可以应用在园林绿地中的空旷地、林下、树穴表面、路边、水边、堤坡等各种环境中。它们应具有植株低矮、枝叶繁密、枝蔓匍匐、根茎发达、繁殖容易等特点。合理应用地被植物可起到护坡固土、涵养水源、抑制杂草滋生、减少地面辐射热、滞尘并减少二次扬尘、美化环境等作用，与草坪相比，不仅观赏效果多样，更能节省养护费用。木本地被植物一般包括小灌木和藤本植物。草本地被植物广义上包括草坪植物及其他地被植物（在绿地内栽植的有观赏价值或经济用途的低矮草本植物）
花坛植物	花坛是在几何形的栽植床内种植低矮的观赏植物形成纹样精致、色彩华丽的图案的花卉景观。花坛植物是指园林中适合用于布置花坛的花卉，多数为一二年生花卉及球根花卉。低矮、观赏性强、耐修剪的灌木也可以用于布置花坛
花境植物	花境是在多为带状的栽植床内栽植呈自然斑块式的高低不同的花卉而形成的花卉景观。花境植物指园林中适合用于布置花境的植物，多数为宿根与球根花卉，也可以用中小型灌木或灌木与宿根花卉混合布置花境
水生和湿生植物	水生和湿生植物是用于美化园林水体及布置于水边、岸边及潮湿地带的植物，多为草本花卉，也有少量木本植物
岩生植物	用于布置岩石园的植物称为岩生植物，通常比较低矮、生长缓慢、对环境的适应性强，包括各种高山花卉及人工培育的低矮植物品种
专类植物	具有相似的观赏特性，植物学上同科或同属，园艺学上同一栽培品种群，或者具有相似的生态习性，需要相似的栽培环境，且具有较高观赏价值，常常组合在一起集中展示的植物，如蕨类植物、兰科花卉等
草坪草	人工栽培后用于建植草坪的矮性禾本科或莎草科多年生草本植物。该类植物在人工养护管理条件下能形成致密似毡的草坪
观赏草	以茎秆、叶丛为主要观赏部位的草本植物，主要包括禾本科、莎草科、灯芯草科等植物。观赏草大多对环境要求粗放，养护成本低，抗性强，繁殖力强，适应面广。按株型分类，观赏草可分为丛生型、直立型、匍型、综合型等
室内植物	用于装饰和美化室内环境的植物。根据其观赏器官可分为观花类、观叶类、观果类、观茎类等。这类植物既可应用于室内花园，也可盆栽装饰室内外空间，后者也常称为盆栽花卉
切花植物	剪切花、枝、叶或果用以插花及花艺设计的植物总称

4. 植物识别方法

植物识别是园林绿化工需要掌握的一项重要技能。植物识别的方法有观察法、查阅专业书籍和植物检索表、使用植物识别应用程序、咨询专业人士等。近些年出现了一些植物识别应用程序，使用方便，但准确率有待提高，仍需要人工二次判断鉴定。

其中，植物识别最常用的方法是观察法，也是其他方法的基础。观察法主要是从植物的形态特征入手，观察植物整体体形和分枝，观察、比对和鉴别植物的根、茎、叶、花、果实和种子，闻气味，观察生长环境等。

植物识别需要在夯实理论的基础上，在实践中灵活应用识别植物的方法，能熟练在植物识别过程中从植物的全局特征中提取关键特征，准确、快速识别植物种类。

四、园林树木基础

1. 定义

园林树木是适于在城乡园林绿地及自然风景区栽植应用，并具有观赏价值的木本植物。根据树木类型的不同，园林树木分为乔木、灌木、藤木、竹类植物及棕榈类植物。

2. 作用

很多园林树木是花、果、茎或树形美丽的观赏树木，还有一些树种在城市与工矿区绿化及风景区建设中能起到卫生防护和改善环境的作用。

3. 类型及特征（见表2-15）

表2-15　类型及特征

类型	特征
乔木	树体高大，通常高数米（6 m以上）至数十米，少数种类达百米以上，有明显的主干，分枝部位较高
灌木	树体矮小，通常高度小于6 m而无明显主干，多数呈丛生状
藤木	地上部不能直立生长，需要缠绕或者攀附他物向上生长的木本植物，因攀缘习性不同分为缠绕类、卷须类、吸附类和钩攀类
竹类植物	多指木本竹类，是一类再生性很强的植物，地下茎为竹鞭，地上部为秆，有显著的节，节与节之间的茎中空
棕榈类植物	多指棕榈科常绿乔木或灌木，因其形态独特，独具热带特色，常单列。该类植物树干圆柱形，茎单生或丛生，叶簇生于干顶，羽状或掌状裂深达中下部，常残存老叶柄及其下部的叶鞘。花小而黄色，雌雄异株，花期4—5月

4. 树木根系、枝干和树冠

一株正常的树木主要由根系（树根）、枝干（或藤木枝蔓）和树冠（树叶）组成。习惯上把树根称为地下部，把树干和树冠称为地上部，地上部与地下部交界处称为根颈。这里以乔木为例，说明树木组成各部分。

（1）树木根系。正所谓根深叶茂，树木根系的活力直接影响树木生长。树木根系没有自然休眠期，条件合适可全年生长或随时由停顿状态迅速过渡到生长状态。树木根系生长势的强弱和生长量的大小，因土壤温度、土壤湿度、土壤通气、土壤营养、树体营养状况及其他器官的生长状况而异。

土壤含水量达最大持水量的60%~80%时，最适宜根系生长。土壤过干易促使根木栓化和发生自疏，过湿会抑制根的呼吸作用，影响土壤通气状况，造成生长停止或腐烂死亡。

土壤通气状况对根系生长影响很大。通气良好处的根系密度大、分枝多、须根量大，通气不良处发根少、生长慢或者停止生长，易引起树木生长不良和早衰。城市土壤由于多铺装路面和人流踩踏，不利于根系穿透和发展，土壤通气不良引起二氧化碳等累积中毒，影响树木生长。

根有趋肥性，土壤营养状况影响根系的质量，如发达程度、细根密度、生长时间的长短等，其中有机肥利于树木发生吸收根，适当施用无机肥也有利于根的生长。

根的生长依赖于地上部供应的碳水化合物，土壤条件好时根的总量取决于树体有机养分的多少，叶受害或者结果过多会阻碍根的生长。

（2）树木枝干（或藤木枝蔓）和树冠。茎的生长方向与根相反，是背地性的，多数垂直向上生长。乔木枝干的中轴部分比侧生部分具有明显的优势，形成明显的主干。秋季由于叶片积累大量光合产物，枝干明显加粗。

树木在一定年龄时期逐年以一定的分枝方式抽枝。主枝上较粗壮的侧生枝随枝龄增长，发展为次一级的骨干枝。随树龄增长，中心干和主枝延长枝的优势转弱，树冠上部变得圆钝宽广，表现出壮龄期的冠形，直到该树在该地条件下达到最大的高度和冠幅。

（3）树木根系、枝干和树冠关系。树木冠幅与根系的分布范围有密切关系，树冠和根系在生长量上常保持一定的比例，称为根冠比，根冠比值大，表明根的机能活性强，但根冠比常随土壤等环境条件而变化。地上部或地下部任何一方过多受损，都会削弱另一方，从而影响整体。根据树木冠幅与根系的关系，在树木移植时，因根系受损较多而需要对树冠采取修剪措施以达到根冠平衡，保证树木成活。同时，地上部主干上的大骨干枝与地下部大骨干根有局部的对应关系，如果地上部枝叶量多，则相对应的根也多，也即"哪边枝叶旺，哪边根就壮"。另外，地上部与根系生长节奏交替，根常在较低温度下比枝叶先行生长，当新梢或果实旺盛生长时根生长缓慢，秋后秋梢停止生长或果实采摘后，根又常出现一个小的生长高峰。

五、园林花卉基础

1. 定义

园林花卉是适用于园林和环境绿化、美化，且具有一定观赏性的草本植物（本书采用的园林花卉概念为狭义概念）。园林花卉按照生活周期和地下部形态特征分为一二年生花卉和多年生花卉，其中多年生花卉又分宿根花卉和球根花卉。

2. 作用

园林花卉观赏性强，能对绿地和环境进行绿化、美化。

3. 类型及特征

（1）一二年生花卉。一二年生花卉是指在一个或两个生长周期内完成生活史的花卉。一年生花卉是在一个生长周期内完成其全部生活史的花卉，一般春季播种，夏秋开花结实，冬季来临时死亡。二年生花卉是在两个生长周期内完成其全部生活史的花卉，通常秋季播种，翌年春季开花、结实，在秋季到来前死亡。

（2）多年生花卉。多年生花卉是指个体寿命超过两年的植物。

1）宿根花卉。宿根花卉是多年生花卉中地下根系正常、不发生变态、可多次开花结实的花卉。

2）球根花卉。球根花卉是多年生花卉中地下器官变态肥大，依靠其贮存的营养度过休眠期的可多次开花的花卉。

培训课程 5 植物生理

一、植物生理的概念

1. 基本概念

植物生理指植物的物质代谢、能量转化、生长发育等规律与机理调节控制，以及植物体内外环境条件对其生命活动的影响。

2. 主要内容

植物生理的主要内容包括光合作用、植物代谢、植物呼吸、植物水分生理、植物矿物质营养、植物体内运输、生长发育、抗逆性、植物运动等。

二、植物生长周期

1. 植物生长周期的含义

植物生长周期是植物生长过程中所表现出的周期性循环规律，是植物生命过程的一部分，既有个体内部循环、植物与周围环境之间的循环，也有周年性、全球性大循环等。植物生命过程包括种子萌发、营养生长、生殖生长、衰老、死亡等一系列过程。

2. 主要过程

植物生长周期主要包括种子萌发期、幼苗生长期、壮苗发育期、成苗开花期、种子形成期，见表2-16。

表2-16 植物生长周期

主要过程	说明
种子萌发期	健康的种子在适宜的温度、水分、光照条件下，经过吸胀、水化和酶活化，细胞分裂和膨大，胚突破种皮后生长成幼苗
幼苗生长期	根首先出现并迅速穿过土壤，把幼苗固定在土壤中，制造养分，同时枝叶迅速生长，形成健壮植株

续表

主要过程	说明
壮苗发育期	枝叶生长缓慢,植株开始形成花芽
成苗开花期	植株把所有能量集中于开花,呈现花朵繁茂状态
种子形成期	花朵发育形成含有种子的果实,种子成熟直至衰老

三、植物的三大作用

1. 光合作用

(1) 基本概念。光合作用是绿色植物(包括藻类)吸收光能,把二氧化碳和水合成有机物,并释放氧气的过程。

(2) 主要意义。光合作用主要有三个方面的意义:一是把太阳能转化为化学能,二是把无机物变为有机物,三是维持大气碳氧平衡。

(3) 反应阶段。光合作用主要有 2 个阶段,即光反应阶段和暗反应阶段。

(4) 反应过程。光合作用大致可以分为 3 个过程:一是原初反应,包括光能的吸收、传递和转换;二是光合电子传递和光合磷酸化,形成活跃化学能;三是碳同化,把活跃的化学能转变为稳定的化学能(固定二氧化碳、形成糖类)。

(5) 光合速率

1) 基本概念。光合速率通常指单位时间、单位叶面积所吸收的二氧化碳或释放的氧气的量,也可用单位时间、单位叶面积、干物质积累量来表示。

2) 影响因素。就个体来看,影响光合速率的因素主要有内部因素和外部因素。

①内部因素。影响光合速率的内部因素主要包括部位和生育期。在一定范围内,叶绿素含量越多,光合速率越高。不同生育期的光合速率不尽相同,一般在营养生长期较高,生长末期较低。

②外部因素。影响光合速率的外部因素有光照、二氧化碳、温度、矿物质元素、水分等。

a. 光照对光合速率的影响。只有当最低光照强度高于光补偿点时,植物才能正常生长;此外,光质也对光合速率造成影响。

b. 二氧化碳对光合速率的影响。增加二氧化碳,光合速率显著提高;弱光条件下,只能利用较低浓度二氧化碳,光合速率低,随着光照强度加强,可吸收利用较高浓度二氧化碳,光合速率则提高。

c. 温度对光合速率的影响。温度直接影响酶活性,对碳反应造成影响,进而影响光合速率。植物一般可在 10~35 ℃下正常进行光合作用,25~30 ℃最适宜,35 ℃

以上光合速率下降，40～50℃即完全停止。

d. 矿物质元素对光合速率的影响。矿物质元素直接或间接影响光合作用。氮、镁、铁、锰等是叶绿素等生物合成所必需的矿物质元素，铜、铁、硫、氯等参与光合电子传递和水裂解过程，钾、磷等参与糖类代谢，对光合作用影响很大。

e. 水对光合速率的影响。水分是光合作用的原料，缺水使叶片气孔关闭，影响二氧化碳进入叶内，使叶片淀粉水解加强，糖类堆积，光合产物输出缓慢，使光合速率下降。

2. 呼吸作用

（1）基本概念。呼吸作用是细胞内有机物在一系列酶作用下，氧化分解并释放能量的过程。

（2）主要意义。呼吸作用主要有两个方面意义：一是为植物生命活动提供所需的大部分能量，二是氧化的中间产物为许多生物合成过程提供原料。

（3）呼吸途径。植物的主要呼吸途径有糖酵解、三羧酸循环和戊糖磷酸循环。这三条途径在植物体内可同时存在，只是在不同条件下各条途径所占的比例会有所不同。

（4）呼吸速率

1）基本概念。呼吸速率也被称为呼吸强度，是指在一定温度下单位重量活细胞（组织）在单位时间内所吸收的氧或释放的二氧化碳的量。

2）影响因素。影响呼吸速率的因素包含内部因素和外部因素。

①内部因素。不同植物或相同植物不同年龄、不同组织、不同器官，都是影响呼吸速率的内部因素。通常，生长旺盛、合成过程强烈的植物或部位呼吸速率较高，生长缓慢、代谢微弱的植物或部位呼吸速率较低。

②外部因素。温度、氧气和二氧化碳浓度、光照等，是影响呼吸速率的外部因素。

a. 温度对呼吸速率的影响。温度对呼吸速率影响显著，温度太低或太高，植物呼吸作用会减弱甚至停止。只有在最适温度的范围，才能保持稳定的、较高的呼吸速率。

b. 氧气和二氧化碳浓度对呼吸速率的影响。在缺氧条件下，呼吸受到影响，生长受阻，进而影响生物合成。当呼吸产生的二氧化碳浓度高于5%，可明显抑制呼吸，呼吸速率也会下降。

c. 光照对呼吸速率的影响。光照通过间接作用影响呼吸速率，光照增温后可促进呼吸，温度较高时呼吸速率提高。

3. 蒸腾作用

(1) 基本概念。蒸腾作用是水分从活的植物体表面（主要是叶子）以水蒸气状态散失到大气中的过程，是一种复杂的生理过程。植物幼小时，暴露在空气中的全部表面都发生蒸腾作用。

(2) 主要类型（见表 2-17）。

表 2-17　主要类型

主要类型	说明
皮孔蒸腾	木本植物经由枝条皮孔和木栓组织裂缝发生的蒸腾，蒸腾量非常小，约占树冠蒸腾总量的 0.1%
气孔蒸腾	通过气孔发生的蒸腾，是最主要的蒸腾方式，是植物进行体内外气体交换的重要门户
角质层蒸腾	通过叶片和草本植物茎的角质层发生的蒸腾，约占蒸腾作用的 5%～10%，幼嫩叶片可达 1/3～1/2，一般成熟叶片占 5%～10%。长期生长在干旱条件下的植物其角质层蒸腾更少，其蒸腾总量小于 5%

(3) 主要过程。土壤中的水分→根毛→根内导管→茎内导管→叶内导管→气孔→大气。

(4) 主要指标（见表 2-18）。

表 2-18　主要指标

主要指标	说明
蒸腾速率	又称蒸腾强度或蒸腾率，指植物在单位时间、单位叶面积通过蒸腾作用散失的水量。大多数植物白天的蒸腾速率是 15～250 g/(m^2·h)，夜间为 1～20 g/(m^2·h)
蒸腾效率	植物每蒸腾 1 kg 水所形成的干物质的克数，一般植物的蒸腾效率为 1～8 g/kg
蒸腾系数	又称需水量，指植物每制造 1 g 干物质所消耗水分的克数。大多数植物的蒸腾系数在 125～1 000，木本植物蒸腾系数较低，草本植物蒸腾系数较高

(5) 主要意义。蒸腾作用主要有三个方面的意义：一是改良大气环境，二是为植物吸收、运输水分提供主要动力，三是降低植物叶片表面温度。

(6) 影响因素。影响蒸腾作用的因素包含内部因素和外部因素两个方面。

1) 内部因素。主要有气孔的频度、大小、下腔容积、开度等因素。

2) 外部因素。影响叶内外蒸气压差和扩散阻力的一切外部因素（见表2-19）都会影响蒸腾速率。

表2-19 外部因素

因素	说明
光照	光照能促使气孔开放，减少气孔阻力，增强蒸腾作用；光照能提高大气、叶片温度，增大叶内外蒸气压差，加快蒸腾速率
温度	温度对蒸腾速率的影响很大。大气温度降低，叶温比气温高2～10℃时，气孔下腔蒸气压增加量大于空气蒸气压增加量，叶内外蒸气压差增大，蒸腾速率提高；气温过高时，叶片过度失水，气孔关闭，蒸腾速率降低
湿度	相同温度条件下，大气相对湿度越大，其蒸气压就越大，叶内外蒸气压差就变小，气孔下腔水蒸气不易扩散出去，蒸腾速率降低；反之，大气相对湿度较低则蒸腾速率提高
风速	风速较大时将叶面气孔外水蒸气扩散层吹散，降低相对湿度，扩散阻力减弱，叶内外蒸气压差增加，蒸腾加速。强风可能会引起气孔关闭，内部阻力增大，蒸腾速率降低

四、植物营养生长和生殖生长

1. 基本概念

（1）植物营养生长。植物的根、茎、叶等营养器官的形成、生长的过程。

（2）植物生殖生长。植物的花、果实、种子等生殖器官的形成、生长过程。

2. 营养生长和生殖生长的相互关系

植物的营养生长和生殖生长是两者互相依存的关系。营养生长与生殖生长的划分通常以花芽分化为界限，之前称为营养生长，之后称为生殖生长。实际上营养生长和生殖生长之间并无严格界限，有相当一段时间，营养生长和生殖生长是同时进行的，并且各方对营养物质有明显的竞争。营养生长过于旺盛，不利于生殖器官的形成和养分的积累。

3. 平衡园林植物营养生长和生殖生长的技术措施

（1）平衡园林植物营养生长和生殖生长的意义。营养生长占优，则枝叶茂盛、抽梢强劲；生殖生长占优，则花量大、果实多。营养生长过盛，则生殖生长受到抑制，甚至可能导致无花、无果；生殖生长过盛，则营养生长受到抑制，影响植物长势，树冠无法继续扩大，严重时可使植物提前衰弱、老化，缩短寿命。因此，保持植物营养生长和生殖生长相对平衡，才能保证植物生存质量。

（2）抑制营养生长和生殖生长的技术措施

1）抑制营养生长的措施包括通过机械或人工进行断根、环剥、拉、扭、剪等物理手段，以及喷施植物生理调节药物、控制水肥等生理技术措施。

2）抑制生殖生长的措施包括修剪、疏花、疏果或在花芽分化期喷施植物生理调节药物等措施，减少翌年花量。

（3）促进营养生长和生殖生长的技术措施

1）促进营养生长的措施包括在适当时机对植物进行修剪以促进强壮枝条抽发，喷施生长调节药物，增加水、肥等。

2）促进生殖生长的措施包括在适当时机对植物进行修剪以培植健壮秋梢，施加花、果实所需养分的肥料，或使用保花、保果药物等。

五、植物营养物质的运输、分配

植物的营养物质主要包括二氧化碳、水、无机盐。

1. 营养物质的运输

（1）运输的途径（见表2-20）。

表2-20 运输的途径

运输的途径		说明
短距离运输	胞内运输	在细胞内、细胞器之间的物质交换，包括扩散、原生质环流、细胞器膜内外物质交换、囊泡形成、囊泡内含物释放等
	胞间运输	在细胞之间的物质交换，包括共质体运输、质外体运输、共质体与质外体之间替代运输等
长距离运输		以植物韧皮为通道进行的营养物质运输

（2）运输介质、方向、速率

1）运输介质。蔗糖是有机物质的主要运输介质，占筛管汁液干重的70%以上。少数植物除蔗糖以外，韧皮部汁液还含有棉子糖、水苏糖、毛蕊花糖等蔗糖衍生物，有些植物还含有山梨醇、甘露醇等。

2）运输方向。运输没有极性，可以向顶部，也可以向基部，但总的方向是由制造营养物质的器官向需求营养物质的器官运输。植物体内有机物运输的方向主要有三种，即单向运输（木质部运输）、双向运输（韧皮部运输）、横向运输（短距离运输）。

3）运输速率。植物不同，运输速率也不同；同种植物处在不同生长期，其运输速率也不同；营养物质成分不同，运输速率也不同。同时，受到环境影响，白天与夜间的运输速率也有所不同。

2. 营养物质的分配

（1）代谢源。代谢源是指能够制造并输出植物营养物质的组织、器官、部位，如植物叶片、胚乳、子叶等。

（2）代谢库。代谢库是指代谢、消耗或贮藏植物营养物质的组织、器官、部位，如植物的幼叶、根、茎、花、果实、发育的种子等。

（3）分配特点。分配特点主要包括四个方面：一是优先供应生长中心，二是就近供应、同侧运输，三是功能叶间不存在供应过程，四是营养物质和营养元素可再分配、再利用。

（4）影响分配的因素。影响分配的因素主要有供应能力、竞争能力、运输能力等。

培训课程 6

植物生态

一、植物生态的概念

植物生态是指植物在一定自然环境下生存和发展的状态,一般包括植物的生理特性和生活习性。

在生态学范畴中,植物生态主要研究植物与环境的相互关系(植物个体与环境的相互关系、植物群体与环境的相互关系),以及在生态系统物质循环和能量流动等功能中植物所产生的作用。

二、植物生存环境

植物生存环境是指生态系统中植物周围一切要素的总和,包括其生存空间内的各种条件,可以划分为自然环境和人工环境。

1. 自然环境(见表 2-21)

表 2-21 自然环境

范围	说明
大气圈	地球表面包围整个地球的一个气体圈层,是地球表面向外界星际的过渡空间
水圈	包括海洋、内陆水域和地下水
岩石圈	地球地壳部分,也称大陆圈
土壤圈	地表岩石风化分解成母质,经过生化作用形成的土壤层
生物圈	地球表面全部生物及与之相互作用的自然环境,由岩石圈、土壤圈、水圈和大气圈的交接空间构成

2. 人工环境

(1)广义人工环境。栽培植物、引种驯化所需要的全部环境,还涵盖人工经营管理的森林、草地及自然保护区等。

（2）狭义人工环境。在人工控制下的植物生存环境，常见的有大棚、地膜、温室等环境。

三、植物和环境的关系

1. 植物与大气的关系

大气对植物而言是十分重要的生态因子。

（1）空气成分。在标准状态下，按体积算，氮约占78%、氧约占21%，氩、氖、氙、氪、氡、氨、甲烷、臭氧、氧化氮等约占0.9%，二氧化碳约占0.03%。其中，对植物影响最大的是氧和二氧化碳。

（2）大气对植物的生态作用

1）二氧化碳的生态作用。二氧化碳是大气成分中对植物生态作用最大的生态因子，是植物光合作用的主要原料。

2）氧气的生态作用。生物界所需的能量主要靠氧化代谢物提供，植物的生命靠氧气维系。

3）氮气的生态作用。空气中的氮气通过固氮菌合成氨或铵离子，被植物吸收后结合到氨基酸中，形成蛋白质。

（3）大气污染对植物的伤害

1）大气污染。大气污染通常是指由于人类活动或自然过程引起某些物质进入大气中，危害生物、人体的舒适、健康、福利或污染环境的现象。

2）大气污染物。使空气质量变差的物质都是大气污染物。目前已知的大气污染物有100多种。对植物造成危害较大的气体主要有二氧化硫、氟化氢、氯气、臭氧等。

3）大气污染对植物的危害。大气污染对植物的危害与临界浓度、临界时间有关。当大气污染物达到植物受害的最低浓度即临界浓度以上、接触到临界浓度以上大气污染物达到受害的最短时间即临界时间以上，植物开始受害，浓度越大、接触时间越长，受害越严重。

（4）植物对大气污染的监测作用。部分植物对大气污染中某些有害物质比较敏感，可以监测有害物质。紫花苜蓿、菠萝、胡萝卜、地衣可监测二氧化硫，唐菖蒲、郁金香可监测氟化氢，复叶槭可监测氯气、氯化氢。

（5）植物对大气的净化作用。部分植物对大气具有净化作用。发挥净化作用有两条主要途径：一是通过叶片吸收大气中的有害物质，同时使某些有害物质在植物体内分解、转化为无害物质；二是植物对有害物质进行富集、吸附。

2. 植物与光照的关系

光对植物的形态建成和生殖器官的发育影响很大。

（1）光强与植物。在植物完成光周期诱导和花芽分化的基础上，光照时间越长光强越大，有机物形成越多，越有利于花的发育。光强还有利于果实成熟，对果实品质也有良好作用。不同植物对光强反应具有差异性，根据对光强的适应情况，可将植物划分为阳性植物、阴性植物和中性植物（耐阴植物）。

（2）光质与植物。在所有光谱中，只有可见光能为植物光合作用所利用，可见光约占太阳总辐射的40%～50%。被叶绿素吸收最多的成分是红光、橙光，其次是蓝光、紫光，绿光很少被吸收。长波光（红光）有延长生长的作用，短波光（蓝光、紫光）有利于花青素形成，抑制茎伸长。

（3）光照长度与植物光周期现象。地球的公转与自转引起地球上日照长短周期性变化，长期生活在这种昼夜变化环境中的植物，经自然选择和进化形成了特有的对日照长度变化的反应方式，即植物光周期现象。光周期对植物的地理分布产生较大影响。短日照植物大多数原产地是夏季日照时间短的热带、亚热带，长日照植物大多数原产于夏季日照时间长的温带和寒带。如果把长日照植物栽培在热带，由于光照不足，就不会开花；如果把短日照植物栽培在温带和寒带则会因光照时间过长而不开花。根据对日照长度的反应类型可把植物分为长日照植物、短日照植物和中日照植物。

3. 植物与温度的关系

（1）温度对植物生长的影响。所有植物都必须在一定温度范围内生长，但正常生命活动的温度范围相对狭窄。在温度处于最低至最适温度之间，随着温度升高，生理生化反应加快，代谢加强，生长发育速度加快；温度高于最适温度，参与生理生化反应的酶系统受到影响，代谢活动受阻，生长发育受到影响。

（2）植物对温度的适应

1）极端温度限制植物分布。极端高温破坏植物体内代谢过程和光合呼吸平衡，影响植物分布。若得不到必要的低温刺激，植物发育不能完成。极端低温对植物分布的限制作用更为明显，是决定植物水平分布范围的主要因素。

2）植物对温度的适应方式。生物形成与温度相适应的发育节律，即物候。物候是植物长期适应温度节律性变化的重要适应方式。在形态适应方面，低温条件下植物的芽具有鳞片，芽及叶片常有油脂类物质，器官表面有蜡粉和密毛，树皮有较发达的木栓组织，植株矮小且常呈匍匐状、垫状或莲座状；高温条件下有些植物体具有密生的绒毛或鳞片，并有发亮的、垂直排列的叶片等。

4. 植物与水的关系

（1）水的生态作用。水的生态作用主要有三个方面：一是水是生物体的重要组成成分，二是水是生命活动的基础，三是水可以稳定环境温度。

（2）旱涝灾害对植物的影响

1）干旱对植物的影响。干旱造成的危害主要有破坏能量代谢、改变蛋白质代谢、降低合成酶活性、增强分解酶活性等。主要的表现有：干旱会降低植物生理过程，关闭气孔，蒸腾作用减弱，呼吸作用增强，植物产品质量受到影响，如果实变小、淀粉及果胶质含量减少、木质素和纤维素含量增加。

2）水涝对植物的影响。涝害使根系缺氧，有氧呼吸受到抑制，阻碍水分、矿物质的吸收，根系生长将出现终止，植物叶片自上而下萎蔫、枯黄、脱落，根系相继变黑、腐烂，甚至植物死亡。若植物地上部被淹没，则其光合作用受阻，有氧呼吸减弱，无氧呼吸增强，能量代谢恶化，生命活动紊乱，器官及组织软弱，迅速变黏变黑，直至腐烂脱落。

（3）植物对水因子的适应。根据栖息地中水分的多少，可以把植物划分为陆生植物和水生植物。陆生植物即为生长在陆地上的植物，水生植物即为生长在水域中的植物。

1）陆生植物对水的适应。陆生植物按与水因子的关系可细分为旱生植物、中生植物、湿生植物。旱生植物根系较发达、叶面积较小、贮水组织较发达、原生质渗透压较高，可忍受较长时间干旱。大多数植物为中生植物，其适应范围较广。湿生植物生长在水边，抗旱性较差。

2）水生植物对水的适应。水生植物按与水因子的关系可细分为挺水植物、浮水植物、沉水植物。水生植物根、茎、叶形成通气组织，水下叶片薄，多分裂成带状、线状，可以长期适应缺氧环境。

5. 植物与土壤的关系

（1）土壤因子的生态作用

1）土壤物理性质对植物的影响。土壤组成、质地、结构等物理性质的共同作用，会影响土壤的性质及肥力，进而对植物造成影响。

2）土壤化学性质对植物的影响。土壤酸碱度、有机质及无机质含量等化学性质的共同作用，会影响土壤的性质及肥力，进而对植物造成影响。

（2）植物对土壤因子的适应。植物在长期适应土壤酸碱度过程中，形成了酸性土植物、中性土植物、碱性土植物；植物在对土壤矿物质盐类适应过程中，形成了钙质土植物、嫌钙植物；植物在适应土壤含盐量过程中，形成了盐土植物、碱土植物；

植物在适应不同风沙基质过程中，形成了抗风蚀沙埋植物、耐沙割植物、抗日灼植物等。

四、植物种群特征及物种关系

1. 基本概念

植物种群是指在一定时间、空间中，同种植物个体的集合。

2. 统计特征

植物种群的统计特征主要包括密度、出生率、死亡率、迁入率、迁出率、年龄结构等。

3. 个体分布格局

种群中个体分布格局类型通常有均匀型、群聚型、随机型（见表2-22），个体分布格局并非只按其中一种类型分布，有时可以形成两种或三种分布格局。

表2-22　个体分布格局类型

类型	说明
均匀型	个体可获得空间比其所需空间大，分布所受阻碍较小，种群中个体以等距方式进行分布，这种分布格局为均匀型。在自然情况下均匀型分布较罕见，人工栽培群落一般为均匀型
群聚型	在大多数自然情况下，种群中个体以成群、成团方式进行分布，这种分布格局为群聚型。群聚型是最广泛的分布格局
随机型	随机分布在自然界比较少见，只有在环境资源分布均匀一致、种群内个体间没有彼此吸引或排斥时才容易产生。在随机型分布格局中，个体分布机会均等、具有偶然性

4. 种内关系

（1）基本含义。种内关系是指植物种群内部个体之间的相互关系。

（2）主要类型

1）密度效应。密度效应是指在一定时间内种群个体数增加造成邻接个体间相互影响。

2）植物性别。大多植物种个体具有雌蕊、雄蕊，也有雌雄同株和雌雄异株的植物。

5. 种间关系

种间关系是构成植物群落的基础，种间关系的主要类型有种间竞争、共生、寄生、附生等，见表2-23。

表 2-23 种间关系的主要类型

类型	说明
种间竞争	两种或多种植物利用同一资源而形成的相互竞争关系
共生	两种不同植物之间所形成的紧密互利关系,一般可分为互利共生、偏利共生两种类型
寄生	一个植物种(寄生物)寄居在另一个植物种(寄主)体内或体表,寄生物依靠寄主的养分、水分而生存
附生	蕨类、兰科、苔藓类等许多植物不接触土壤,根群附着在其他植物枝干上,以雨露、水汽及有限的腐殖质为水分和养分生长。附生在森林尤其热带雨林中较为多见

五、植物群落特征及动态

1. 基本概念

(1)植物群落概念。植物群落是指一定时间、一定空间范围内的植物种群的集合。

(2)植物群落命名。一般可以根据特征种、优势种及其主要生活型等作为依据,对植物群落进行命名。

1)根据群落中的特征种,可以把植物群落命名为银杏群落、木荷群落等。

2)根据群落中的优势种,可以把植物群落命名为木荷群落、悬铃木群落等。

3)根据群落中优势种的主要生活型,可以把植物群落命名为热带雨林群落、草甸沼泽群落、亚热带常绿阔叶林群落等。

还可以根据植物群落所占据的自然生境、群落动态对植物群落进行命名。

2. 一般特征

植物群落的一般特征主要包括物种组成和数量特征。物种组成是构成植物群落所有植物物种的总和,按照在植物群落中的作用,可以将组成成员划分为优势种、建群种、亚优势种、伴生种、偶见种等。数量特征主要包含物种丰富度、频度、盖度、优势度、重要值等数量指标。

3. 群落外貌

群落外貌是指群落的外部形态或表相,其主要取决于植被特征,即组成群落的植物种类形态及其生活型。

4. 群落结构（见表2-24）

表2-24 群落结构

群落结构	说明
垂直结构	森林群落可划分为乔木层、灌木层、草本层、地被层
水平结构	大多数植物群落的物种常形成相当高密度的斑块状镶嵌
时间格局	群落的组成与结构随时间序列所发生的有规律变化，即为时间格局。植物群落中表现最明显的时间格局是季相

5. 群落演替

（1）演替概念。一个植物群落被另一个植物群落取代的过程称为演替。

（2）演替特征。群落演替主要包括演替方向、演替速度、演替效应三个方面的特征。

1）在演替方向上，大多数植物群落演替趋向相同，且不可逆，一般从低等植物发展到高等植物，从小型植物发展到大型植物，生活史从短到长，群落层次从少到多，营养阶层从低到高，竞争从无到有再到激烈（最后趋于动态稳定）。

2）在演替速度上，演替可能是一个极漫长的自然选择过程。

3）在演替效应上，演替对原有植物群落不利，对取代植物群落的形成有利。

6. 园林植物群落

（1）主要类型。园林植物群落是栽培群落的一种，大体可分为纯林群落和混交林群落。

（2）主要特征

1）纯林群落的主要特征有四个方面，即物种组成较单一、种群物种内部竞争关系日趋激烈、群落结构较简单、景观多样性较单调。

2）混交林群落的主要特征有五个方面，即物种组成较丰富、群落稳定性较高、物种关系以互惠共生为主、群落结构较多样、景观多样性较丰富。

六、生态干扰

1. 基本概念

（1）干扰。干扰是指偶然发生的、不可预见的事件，是在不同空间、时间发生的现象。

（2）生态干扰。生态干扰是指阻断原有生态过程的非连续性事件，改变或破坏生态系统、群落、种群的组成、结构。

2. 生态干扰的基本类型（见表2-25）

表2-25 生态干扰的基本类型

分类依据	基本类型	说明
产生来源	自然干扰	在自然条件下无人为活动介入而发生的干扰，如火、风暴、火山爆发、病虫害等
	人为干扰	人类有目的行为指导下所进行的自然改造、生态建设，如造林、砍伐、施肥等
干扰来源	内部干扰	种间竞争等在相对静止的长时间内发生的小规模干扰
	外部干扰	火灾、风暴、砍伐等短期内大规模干扰
干扰机制	物理干扰	包括森林退化、表土植被退化引起局部气候变化、土壤侵蚀、地面沙化等
	化学干扰	水土污染及大气污染引起的干扰，如酸雨等
	生物干扰	病虫害暴发、外来种入侵等引起生态平衡失调和破坏
干扰范围	局部干扰	仅在同一生态系统内部扩散
	跨边界干扰	越过生态系统边界扩散到其他类型的斑块

3. 干扰的生态学意义

干扰的生态影响主要反映在景观中各种自然因素的改变，在火灾、砍伐等干扰下，局部区域的光、水、能量、土壤养分发生改变，导致微生态环境变化，直接影响地表植被对土壤中养分的吸收和利用。此外，干扰的结果还可以影响土壤中的生物循环、水分循环、养分循环，加速景观格局改变。

培训课程 7

植物栽培和繁育

一、植物栽培基础

园林植物作为城市园林绿化的主体,在城市生态环境条件下的生存和生长状况直接影响其生态、景观等多种功能的发挥,影响园林绿化的质量和水平。其中,存活是基础,健康是核心,美观是目标。然而,城市建筑、街道道路、市政设施等灰色基础设施的大量不透水表面破坏了植物的自然生境,造成土壤、水、光、热、风等生态要素的严重干扰,形成多样复杂的城市小气候,而且频繁的人为活动往往会对植物造成破坏。

植物栽培基础是指在遵循植物自身的生物学特性和生态学习性的基础上,围绕植物与环境的关系,采用有目的的人工调控手段加强土肥水管理和病虫害防治,在植物生长发育和开花结实的不同阶段采取科学措施为植物营造适生条件和改善生境,维持植物健康持续生长,培育健壮植株,获得良好生态和观赏效果。

每种植物都有其适生环境:有的喜光(如月季),有的耐阴(如玉簪);有的耐寒性强(如棕榈),有的不耐寒(如丝葵);有的耐水湿(如水杉),有的耐旱(如雪松);有的适于偏酸性土壤(如栀子),有的适于偏碱土壤(如女贞),还有的适于盐碱土(如柽柳)。而且,要遵循植物的需肥规律,在施肥时不要盲目,注意针对性,优先施用植物最缺的养分。

1. 树木栽培

对园林树木进行种植、养护和管理,包括前期准备、起苗、装运、定植、假植和栽后管理等。前期准备涉及苗木的修剪、灌水和挖穴,对一些较难移栽的大树可在移栽前2年实施断根技术处理。起苗要求尽可能地多保留根系,对小苗可保留完整根系(如果带土球移栽更好),对大苗要求带土球移栽。装运前要求辅助修剪,树干绑缚草绳和树冠适度捆绑。定植要求按照种植技术规程,大苗和多风地区要立支撑架,根据需要搭建遮阴网。假植是暂时不定植时的临时性措施。栽后管理包括浇水、除草、补充营养液等。以上每一个环节都是确保成活的关键。总体上,树木栽培应把握以下五个方面。

（1）适地适树，包括改地适树和因地选树。针对城市里不适合种植的问题，可以采用人工客土重建生境，为树木营建适生条件，如街道广场的行道树种植。同时，可调整土壤酸碱度以满足特定树种的需求。另外，应根据小气候特点选择适生的植物种，如在建筑的北侧、高架下和林下选用耐阴植物，在建筑的西侧选用耐西晒植物，在自然驳岸和浅滩选用耐水湿植物。此外，南树北移要注意冬季防寒，如加纳利海枣；北树南移要注意夏季防晒，如北美红枫。

（2）缓苗期管理。树苗往往因根系损伤较大，移栽后需要度过一段时间的缓苗期，具体时长因树种、大小、季节和环境而定，有的可能只需几天，有的需要几个月。在此期间一定要加强管理，包括浇水、防晒、防松动等。

（3）肥水管理和病虫害防治。为了实现健康生长的目标，应根据树木大小、生长发育期特点和不同树种的需肥特点针对性地安排施肥种类、施肥用量和施用时间。注意休眠期基肥和生长季追肥相结合、花前肥和花后肥相补充，同时跟进浇水，并加强病虫害防治，防止因病虫害导致树势衰弱甚至死亡。

（4）整形修剪。有些树种为了满足特定的景观需要而进行定期的整形修剪，如龙爪槐、迎客松、树墙（如珊瑚树）等。此外，在秋冬季和春季也会修剪干枯枝、病虫枝及影响居民通风采光的枝条。华东的一些城市还会基于果毛防控需要在每年休眠期对悬铃木进行重度修剪、疏除果枝。

（5）大树移植。为了实现快速成景，城市里较多进行大树移植。不过，因为移栽过程中根系损伤较大，所以移植技术要求较高，必须严格按照相关技术规程，采取强剪地上部、加大土球、支撑固定、遮阴缓苗等措施，以提高成活率，尽快复绿复壮。

2. 花卉栽培

狭义上讲，这里的花卉指以观花为主的草本花卉，包括一二年生花卉和多年生花卉。一般来说，这类植物植株和根系较小，对土壤厚度的要求较低，但对水分需求较敏感，除了部分耐旱的植物外大部分在生长季每次需水量不大，但浇水频率较高。在城市绿地中一二年生花卉多用于花坛。宿根花卉多用于花境，也可用于林下或林缘地被，还是家庭花卉的主体。具体应用时要综合考虑植物的生物学特性和生态学习性，根据环境条件选择适生植物或为特定需要的花卉营建适生环境。球根花卉，如郁金香、风信子、水仙花等，栽培时应施足基肥，合理浇水，保持湿润。

花卉的生境条件可分为露地栽培、温室栽培、水生栽培、无土栽培等。

（1）露地栽培。露地栽培即大田栽培，包括整地做垄、移植、管理等环节。当花卉种子细小时，需要注意精耕细作，播前浇水，防止种子掉入土壤深层而影响发芽。

如果气温不稳定，应采取保温保湿措施。如果利用穴盘育苗，应注意移栽时浇水和遮阴，使其安全度过缓苗期。管理包括灌溉、施肥、中耕除草、整形修剪、防寒降温等环节。夏季灌溉时应注意时间，以早晨为宜。施肥应注意花卉的生长发育期，苗期多施氮肥，花芽分化前多施钾肥，果实发育前多施磷肥，追肥后应立即浇水。当需要培育切花、大花或组合形体时，需要及时整形修剪，如芍药切花、独头菊。

（2）温室栽培。温室栽培能控制温湿度和光照，栽培具有较高观赏和经济价值的优质花卉产品。栽培土往往选用草炭、腐叶土、堆肥、珍珠岩、蛭石等人工配制的专用培养土。容器包括种植袋、营养钵、硬质塑料盆等。温室栽培能对水肥和温度、光照等进行人工控制，或者使用人工智能自动调控。温室栽培应做到"五盆"，即上盆、换盆、转盆、倒盆和扦盆。

（3）水生栽培。水生栽培是指为荷、睡莲、千屈菜、花叶芦竹等水生植物配置一定的水生环境。植物的水深适应性是种植深浅的依据，如挺水和浮水植物所需水位高于沼生和湿生植物，漂浮植物对水位不敏感，沉水植物要求水位高于植株等。

（4）无土栽培。无土栽培指利用其他物质代替土壤进行栽培，包括水培和固形基质栽培。水培利用人工配制的专业营养液直接为植物生长提供营养和水分，实现精准提供养分，具有清洁卫生、养护方便、立体栽培、节约空间、循环使用等优点。固形基质栽培选用沙、蛭石、岩棉、珍珠岩等无机基质固着花卉根系，添加营养液供应水分和养分。

二、植物繁育基础

1. 有性繁殖

有性繁殖又称种子繁殖。因为需要经过雌雄配子的结合形成种子，然后播种繁殖后代，所以称为有性繁殖。在城市绿化中，一二年生花卉主要采取种子繁殖，其成本低、见效快，适合大面积进行。木本植物采取种子繁殖培育的幼苗称为实生苗，由于从播种到成苗的周期较长，实生苗的繁殖和栽培一般在苗圃里实施。有性繁殖的优缺点见表2-26。

表2-26 有性繁殖的优缺点

优点	缺点
种子体积小、重量轻，便于贮藏和运输	后代容易发生变异
操作简单，易于掌握和实施	不易保持原品种的优良种性，会出现品种退化问题

续表

优点	缺点
繁殖量大，繁殖系数高，易于大面积推广	木本花卉从播种到成苗的时间较长
实生苗根系发达，特别是主根系发达，生长旺盛，寿命较长	不能用于自花不孕植物、无籽植物
对环境适应能力强，抗逆性强	—
种子本身无病毒，可提供无病毒植株	—
杂交育种必须通过种子繁殖，可获得比父母本更优良的性状	—

繁殖系数大是种子繁殖的一大优点，比如波斯菊常用于在路旁营造花镜或在成片空地营造花海效果，它的种子细小，每克约100粒，每平方米需15～20 g种子，播种1公顷仅需150～200 kg种子。此外，凤仙花、紫茉莉、二月兰等草花多采用播种繁殖。

实生苗具有生长快的优势，以云南红豆杉为例，与扦插苗相比，实生苗无论株高、地径、枝长都显著大于扦插苗，生长快很多。银杏的实生苗比嫁接苗生长速度快很多（见图2-20a），可大大缩短培育周期，降低成本。白玉兰是上海市花，与嫁接苗相比，实生苗长势旺盛（见图2-20b），发育高大，且花繁多。

实生苗往往具有发达的主根，且根系发达，这一点是扦插苗无法相比的。如图2-21所示，左边是实生苗根系，可以明显看到主根，而右边为扦插苗，没有明显的主根。

a）

图 2-20 实生苗（左）和嫁接苗（右）

a）银杏　b）白玉兰

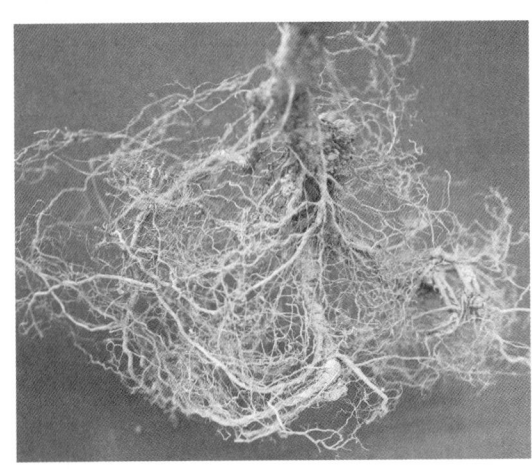 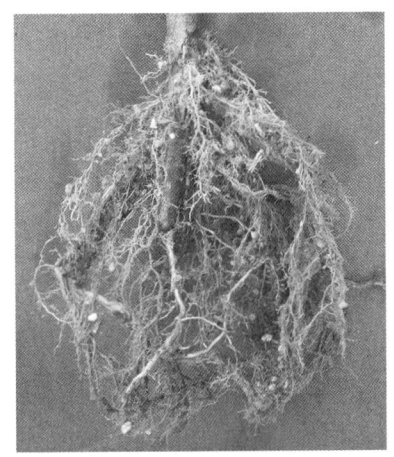

图 2-21 实生苗根系（左）和扦插苗根系（右）

2. 营养繁殖

营养繁殖是指利用植物的营养器官（如根、茎、叶、芽等）具有再生能力的特性，通过一定技术处理，促使细胞分裂和组织器官分化，形成一个新的完整植株的繁殖方式。常用的营养繁殖方法有分生繁殖、扦插繁殖、压条繁殖、嫁接繁殖等，具有保持优良栽培性状、繁殖速度快等优点，可在一定程度上弥补有性繁殖的缺点，形成独特优势。营养繁殖的优缺点见表 2-27。

表 2-27 营养繁殖的优缺点

优点	缺点
利于保持母本优良遗传性状	寿命较短
开花及成熟年限缩短	材料受限，繁殖系数低
解决种子繁殖不能保持优良性状的问题	根系较弱、浅，主根不发达
解决不结种子、种子少、多年不开花、雌雄异株植物的繁殖问题	适应能力较差，抗逆性较弱
便于制作特殊造型，如垂直型、龙游型、树桩花灌木、桩景等	繁殖材料存在携带病毒的风险，病毒传递给营养繁殖苗

"克隆"一词于1903年被引入园艺学，原是英文 clone 的音译，以后逐渐应用于植物学、动物学、医学等方面。人们剪下植物枝条，扦插到土里，不久就会发芽，长出新的植株，这些植株是遗传物质组成完全相同的植株，这就是"克隆"。还有将马铃薯等植物的块茎切成许多小块进行繁殖，由此而长出的后代也是"克隆"。所有这些都是植物的营养繁殖。

营养繁殖的一大显著优势是能够保持繁殖材料的优良性状，如花叶品种和重瓣花品种一般不用种子繁殖，就是为了防止性状分离，出现返祖现象，无法保持观赏性状。特别是重瓣品种，如重瓣矮牵牛、绣球等雄蕊瓣化，不能结实，主要依赖营养繁殖。重瓣蜀葵如果采用种子繁殖，很可能会呈单瓣花，因此需要营养繁殖。月季为了保留品种的优良性状也往往采取扦插、嫁接等手段。

营养繁殖还可用于制作特殊造型，如采用嫁接手段制作垂枝榆、垂枝樱、龙爪槐、龙游梅、树状月季等，增加观赏多样性。此外，缩短"童期"也是营养繁殖的优势，如嫁接繁殖时选用花芽或花枝作为接穗可当年开花结果，大大缩短成苗时间。

因此，在城市绿化中大量采用多种营养繁殖手段，如竹类、芦苇、美人蕉和莲多用根茎繁殖，百合、郁金香多用鳞茎繁殖，唐菖蒲、水仙多用球茎繁殖，秋海棠多用叶芽繁殖，连翘、迎春、大叶黄杨多用压条繁殖。

三、苗圃抚育管理

1. 苗圃的概念及类型

从传统意义上讲，苗圃是指生产苗木的场所。苗圃根据生产性质和功能可划分为果树苗圃、森林苗圃、园林苗圃、其他专类苗圃等。

从时代发展的角度来讲，苗圃就是以生产经营各种植物苗木为主的实体场所。随着市场经济和苗圃产业的不断发展，现代苗圃既包括生产场圃，也包括与之相配套或者独立的各种类型温室、组培室、微灌系统等生产设施或机构，还包括生产技术管理和苗木销售体系等，如苗木工厂就是典型的现代苗圃。

2. 园林苗圃

园林苗圃是繁殖和培育园林苗木的基地，其任务是用先进的技术在较短时间内，以较低的成本，根据市场需求，培育各种类型、各种规格、各种用途的优质苗木，以满足城乡绿化所需。

3. 园林植物良种

园林植物育种时，在一定区域范围内或特定栽培条件下具有若干优良性状（如观赏性佳、抗逆性强、适应性好等），能够在园林建设和产业化生产上发挥作用的品种，在生产上称为良种。良种在一定时间内，在生产及园林应用中有较好的推广利用价值和经济效益。

良种必须种植在适宜的环境条件下才能表现出其优良特性。良种只能在一定时间范围内称为良种，随着时间的推移，当植物自身发生改变、表现不良或受到病虫害侵袭而无法正常生长时会退出品种市场。同时，时代变迁、社会经济文化的发展及人类精神需求的改变，也会导致原有的良种不再适合社会消费需求而退出品种市场。

4. 引种驯化

园林植物通过引种，由原来较窄的适应范围逐步向较广的适应范围迁移，并在遗传上表现出适应性，具有栽培上的观赏价值和生态价值，即为引种驯化。引种驯化包括两个阶段：向新地区定向迁移植物的阶段称为引种阶段，引种的植物对新环境条件的适应过程称为驯化阶段。

5. 容器育苗

各种容器中装入营养土或培养基质，采用播种、扦插、移植幼苗等方式，通过水肥管理等措施培育苗木，称为容器育苗。由于育苗容器在材料、性状、结构、规格等方面的差异性与多样性，容器育苗存在穴盘育苗、营养杯育苗、网袋育苗等多种育苗形式。

与传统的大田栽培育苗相比，容器育苗与容器栽培技术是一种生产栽培方式的变革，并引起了与此相关的苗圃建设、苗木生产、管理技术、应用手段、经营观念等一系列重大变革。在全球苗木产业迅速发展的新形势下，容器育苗与栽培技术因其集约化管理、机械化作业、便于销售和运输等优点，成为苗木生产发展的主要趋势之一。

6. 无土栽培

无土栽培是指不用天然土壤，而用营养液或其他固体基质加营养液栽培植物的方法。

与传统育苗相比，无土栽培具有产量高、品质好、节省养分和水分、清洁卫生、病虫害少、节省劳力、降低劳动强度、不受土地限制、使用范围广等特点。

四、园林植物育种

1. 育种系统

育种系统就是一个育种集团建立的某一种园林植物完善的育种资源、信息和技术体系。

育种系统包括种质资源材料库，种质资源信息资料库，引种驯化的技术措施，各种材料的引种表现，杂交育种的配组方式，各种育种技术在植物上应用的技术参数，品种试验的方法和步骤，品种审定、品种登录及品种保护的方法步骤和法律法规，良种繁育的技术体系，规模化周年生产的栽培技术，为适应市场变化而储备足够的后备品种等。

2. 种质资源

种质资源是具有一定遗传基础，表现一定优良性状，并能将特定的遗传信息传递给后代的生物资源的总和。

园林植物种质资源的范围可以从多水平、多层次理解，其可以描述为各类或者某一类园林植物在全球范围内的资源总和，又可以描述为某一地区园林植物资源的总和，也可以是某一类园林植物的群体、某一种特殊的变异材料、一个单株、一种植物组织、一块离体培养的材料、一个细胞等。

种质资源按照发生来源和栽培状况可分为野生种质资源和人工（栽培）种质资源；按照地域来源可分为本地种质资源和外地种质资源；按照生物组成的层次从宏观到微观，可依次分为种群、居群、个体（植株）、器官、组织、细胞、染色体等。

3. 种质创新

种质创新又称前育种，是指对原有种质资源的扩展或改进，即把那些育种不易利用的种质资源变成育种易于利用的材料，把不适应的外来种质变成本地能利用育种材料的相关科研活动。

种质创新的结果是强化某一优良性状，创造"偏才"，将其作为育种的中间材料。育种则是将植物的优良性状综合于一身，培育各方面都不错的"全才"，作为品种推广应用。

4. 品种

品种的正式术语为栽培品种，是由《国际栽培植物命名法规》管理的栽培植物的基本类别。栽培品种是为特定的某一性状或若干性状的组合而选择出来的植物集合体，通过适当的方式繁殖，这些性状保持特异性、一致性和稳定性。品种除了特异性、一致性和稳定性的基本特性之外，还具有明显的地区性、时间性及局限性。

5. 选择育种

利用现有园林植物种类、品种的群体所产生的自然变异，通过选择、分离、提纯、比较、鉴定等手段获得符合育种目标的新品种的途径称为选择育种。

6. 有性杂交育种

有性杂交育种又称重组育种，通过人工杂交的手段，将分散于不同亲本上的优良性状组合到杂种中，再经选择、鉴定，从而获得遗传相对稳定并具有栽培利用价值的园林植物新材的育种途径。杂交育种是指通过两个遗传组成不同的个体进行有性杂交获得杂种，继而在杂种后代中选择培育新品种的方法。

7. 诱变育种

诱变育种是指人为地采用物理或化学的因素，诱发生物体产生遗传物质突变，形成可遗传变异，经分离、选择、培育形成新品种的途径。

诱变育种的特点在于通过基因的点突变和染色体结构变异，诱发新的基因突变，突破原有基因库的限制，丰富种质资源并创造新品种。

诱变育种主要包括辐射诱变育种、化学诱变育种、空间诱变育种等。

8. 倍性育种

倍性育种是指选育细胞核染色体组发生倍性变异的植物新品种，或通过基于染色体组操作创制的育种资源选育植物新品种。

倍性育种主要包括多倍体育种和单倍体育种。多倍体育种是指通过人工的方法使植物染色体组加倍，或直接从自然界中选育染色体组加倍的突变体，从而获得新品种的方法。单倍体育种是指利用仅有一个染色体组的单倍体植株，经染色体加倍成为纯系，然后杂交以充分利用杂交优势的一种育种方法。

9. 离体培养育种

离体培养不仅是一种重要的育种技术，还是其他育种技术的重要辅助手段，无论是传统育种技术还是现代分子育种技术都离不开离体培养。

离体培养育种包括花药与花粉离体培养、胚和胚乳离体培养与试管授精、体细胞无性系变异、原生质体培养与体细胞融合等。

10. 分子育种

以植物基因工程和分子标记辅助选择为主要技术的植物分子育种，指的是在经典遗传学和现代分子生物学、分子遗传学理论的指导下，将现代生物技术整合于经典遗传育种方法中，结合表现型和基因型筛选，培育新品种的方法。

分子育种包括植物基因工程育种、分子标记辅助育种、分子设计育种、分子模块设计育种等。

职业模块 ③
园林绿化专业知识

培训课程 1 园林绿化设计应用

一、园林绿化设计概述

1. 概念

园林绿化设计指根据园林绿化的性质和功能,明确园林绿化元素的基本要求,使园林绿化的空间平面布局和立面造型满足游人对其功能和审美需求的相关活动。

2. 阶段

园林绿化设计按设计文件编制情况可以分为三个阶段。

(1)方案设计阶段。方案设计阶段是设计中极富有创造性的重要设计阶段,决定了项目设计的定位和布局,是初步设计设计的依据。

(2)初步设计阶段。初步设计阶段是介于方案设计和施工图设计之间的过程阶段,是方案设计内容的延伸和方案设计深度的细化,一般在没有最终定稿之前的设计都统称为初步设计,是施工图设计的依据。

(3)施工图设计阶段。施工图设计阶段是关于施工图设计及制作的阶段,是初步设计内容的延续和初步设计深度的细化,应充分表达设计意图和完整表达设计结果,是施工制作的依据,内容具体、操作性强。

3. 步骤

园林绿化设计按设计工作全过程可以分成6个步骤。

(1)资料收集。资料收集内容主要包括图纸资料、上位规划、甲方要求、人文资料等,主要采用信息查询、走访询问、调查采集等方法。

(2)现场踏勘。现场踏勘内容主要包括基地现状资料、基地环境资源、基地图纸校对,一般采用先基地、后环境,先地下、后地上,先场地、后图纸的顺序。

(3)梳理分析。梳理分析是对现场踏勘的资料进行筛选整理、定性分析、定量分析,梳理出有利因素、不利因素、制约因素,为下一步构思提供实质性依据。

(4)立意构思。立意构思是园林绿化设计总体意图创作的思维过程,主要包括设计思想的确定、设计目标的确立、设计风格的甄选、设计原则的选用、设计功能的思考、设计形式的选择、设计材料的考量等。

（5）布局构图。布局构图是园林绿化设计立意构思落图的具体表现，主要包括功能区域的划分、道路系统的布局、景观分区的安排、竖向地形的营造、建筑小品的设置、植物景观的配置、各类管线的排设等。

（6）设计驻场。设计驻场主要工作任务是负责设计图的施工交底，协调设计与施工之间的对接，处理现场与设计不符的矛盾，对施工图不完善部分进行补充，对设计变更进行设计签单和绘图。

二、园林绿化设计元素

1. 植物元素

植物元素是园林绿化中运用最多的元素，具有生命、动态、变化三个特征和科学性、艺术性、文化性、实用性四个特性。植物元素的作用是美化和改善环境，满足对应功能，既可独立成景，又可与其他设计元素组合成景。主要表现形式包括树林、树丛、孤植树、行道树、绿篱、立体绿化、地被、水生植物、花坛、花境、草坪等。

2. 山石元素

山石元素是园林绿化中的主要元素，具有纹理、质感、灵性三个特征，不仅能满足观赏游憩的功能，还能起到愉悦精神的效果，同时又是园林绿化地形骨架的构成要素。主要表现形式包括土包石（土山）、石包土（石山）、置石（景石）等。

3. 水体元素

水体元素是园林绿化中富有音响和动感的元素，具有光影、可变、动态三个特征，在满足使用功能的前提下，又能起到基底、纽带、点睛作用，同时也可以调节空气湿度。主要表现形式包括自然式水体、规则式水体、动态水体、静态水体等。

4. 铺装元素

铺装元素是园林绿化中使用功能最强的元素，具有质感、图案、色彩三个特征，满足了保障交通、承载活动、划分空间、引导视线的实用功能。主要表现形式包括卵石铺装、石材铺装、砖材铺装、木质铺装等。

5. 小品元素

小品元素是园林绿化中运用较少的元素，具有多样、装饰、实用三个特征，能起到丰富绿化景观、展示地域文化、塑造绿地特色、满足使用功能等作用。主要表现形式包括装饰性小品、展示性小品、休憩性小品、服务性小品等。

三、园林绿化设计形式基本特征

1. 自然式基本特征

（1）没有明显的轴线系统，强调随形就势、模拟自然、再现自然的手法与形态。

（2）平面构图和立体布局自然活泼，基本图形表现为随意的、不规则的图形。

（3）设计元素中的平面形状、立面轮廓、断面线型呈缓和自然曲线和不规则线型。

（4）具有自然、灵活、多变的特点，体现柔和的舒适感和精细的自然美。

2. 规则式基本特征

（1）有明显的中轴线和副轴线，形成轴线系统，强调轴线的重要作用。

（2）平面构图和立体布局规整对称，基本图形表现为较严格的几何图形。

（3）设计元素中的平面形状、立面轮廓、断面线型呈直线、折线、几何曲线。

（4）具有整齐、严谨、庄重的特点，体现雄伟的气魄感和大气的人工美。

3. 混合式基本特征

（1）没有控制整体布局的轴线系统，强调构图的和谐性。

（2）平面构图和立体布局自然活泼与规整对称兼顾，基本图形表现为随意的不规则状和有序的几何状。

（3）设计元素中的外轮廓既有规则的逻辑性，又不放弃自然的自由变化。

（4）具有有序、疏朗、变化的特点，体现规整与活泼、人工与自然的和谐美。

四、园林绿化设计基本原则

1. 满足功能的原则

强调功能决定形式，形式为功能服务的设计理念，依据园林绿化的功能确定园林绿化设计的基本形式，达到功能与形式的高度统一。

2. 因地制宜的原则

依据场地与自然相结合的设计思路，善用原有地形地貌，保护原有植物资源，挖掘地域文化特色，选择适宜乡土植物，使园林绿化与城市环境高度融合。

3. 自然生态的原则

本着敬畏自然、平衡生物之间及生物与环境之间友好关系的原则，园林绿化布局提倡以植物元素为主，提高绿地率、绿化率、绿视率，使园林绿化的生态效益达到最佳。

4. 符合美学的原则

运用艺术构图基本规律和美学基本法则，处理好园林绿化中对比与调和、比例与尺度、韵律与节奏、均衡与稳定、主体与从属之间的协调关系，使园林绿化设计达到和谐的整体统一。

5. 低碳节约的原则

贯彻低碳环保、节约资源的设计意识，园林绿化设计中合理利用土地资源、科学搭配园林植物、使用低碳环保材料、推广低碳节能技术、降低绿地维护成本，使园林绿地中各项资源循环和高效利用。

6. 持续发展的原则

坚持园林绿化设计以自然资源为基础，同生态环境相协调，在保护环境和资源的前提下实施园林绿化设计，不破坏原有良好的景观，坚持节约式发展、低环境负荷，保持园林绿化相对稳定性并减少绿地维护运作对城市生态系统的干扰。

五、园林绿化设计风格识别

1. 中式风格识别

以"人工之中见自然"为创作本源，追崇"天人合一"的景观境界，本于自然、高于自然，将人工美与自然美巧妙结合，体现意境之美。

（1）对原始状态的设计元素有意识地加以改造、调整、加工、剪裁，从而表现精练、概括、典型的自然。

（2）力求将山石、水体、植物等元素有机组合，突出彼此协调、互补的积极效应，限制彼此对立、互相排斥的消极效应。

（3）善于从大自然中获取美的灵感，达到寄情于景的境界。

（4）"无水不活"，水体是中式园林的主要元素，利用聚散、掩映、曲折、动静等手法，通过小中见大、以少胜多的手法营造自然景观。

（5）"无石不安"，山石是中式园林的主景元素，借鉴中国传统绘画中的高远、深远、平远的原理，在咫尺之内表现千里之志。

（6）"无木不秀"，植物是中式园林的主体元素，讲究姿态、色美、味香等，既独立成景，又巧妙地与其他元素融合成景。

（7）建筑具有功能与造景、观赏风景与点缀风景等特点，其形与神都与天空、大地等自然环境相融合，具有体量矮小、形状简单、色彩简朴的特点。

2. 日式风格识别

（1）以"自然之中见人工"体现和象征自然界景观，避免人工斧凿的痕迹，创造简朴、清纯、宁静的境界。

（2）注重对自然景观的提炼、浓缩、象征，细品耐看，含而不露。

（3）空间尺度小巧而精致、枯寂而玄妙、抽象而深邃。

（4）布局以植物、山石、水体为主，融入细沙、砾石、苔藓、石板、石雕等静止不变的元素，体现自我修行的意境。

3. 英式风格识别

（1）以向往自然、崇尚自然为目标，园林绿化景观与大自然浑然天成。

（2）布局设计因地制宜，主张人与自然的和谐、自然与建筑之间的协调，侧重于再现大自然风景的具象实感，强调保持自然的形态。

（3）自然式树丛草地、蜿蜒曲折的河流、无明显线条分割的铺装道路、仿自然界起伏变化的地势，讲究园内外景观的融合，使园林景观犹如大自然的一部分。

4. 法式风格识别

（1）利用自然资源，发挥自然风光的优势，以自然资源为依托，注重层次分明，强调平视效果和俯视效果。

（2）平面构图采用轴线对称的手法，主轴线从建筑物开始沿一条直线延伸，以该轴线为中心布置其他元素。

（3）图案式园林布局有平面的铺展感，整形式树坛、规则式绿篱、图案式花坛、几何式水景、宽阔的园路形成贯通的透视线，营造恢宏的气势。

六、园林绿化设计文件

1. 方案设计阶段文件

方案设计阶段，设计文件编制内容应满足初步设计编制需求、工程估算编制需求、工程项目审批需求。设计文件内容应包含设计文件目录、方案设计图、设计说明书、工程估算书等。

2. 初步设计阶段文件

初步设计阶段，设计文件编制内容应满足施工图设计编制需求、各专业设计的平衡与协调需求、工程概算编制需求、工程项目申报审批需求等。设计文件内容应包含设计文件目录、扩初设计图、设计说明书、工程概算书等。

3. 施工图设计阶段文件

施工图设计阶段，设计文件编制内容应满足施工、安装、种植需求，施工材料采购、非标准设备制作和施工需求，承包、分包设计需求，以及工程预算编制需求等。设计文件内容应包含设计文件目录、施工设计图、施工节点详图、套用和通用图、设计说明书、工程预算书等。

培训课程 2

园林绿化施工

学习单元 1　园林绿化施工内容和质量要求

一、园林绿化施工内容

1. 园林绿化工程的概念

园林绿化工程泛指园林城市绿地和风景名胜区中涵盖园林建筑工程在内的环境建设工程。园林绿化工程项目能改善城市生态环境、提供游憩服务，并能实现园林绿化项目的生态、休闲、游憩、美化、文化传承、科普教育、防灾避险等综合功能。

2. 园林绿化施工的主要内容

（1）土壤与地形。土壤主要有外进（购）土壤和原地土两种。土壤作为种植土，其理化性质及杂物的含量、大小必须满足植物种植和生长要求，且不能影响视觉观感。

地形塑造按照设计标高进行控制，不对现有地下管线和构筑物造成破坏。所塑地形应保持水土稳定，利于雨水就地消纳，并应与相邻用地标高相协调。

（2）栽植工程。栽植工程包括乔灌木地被种植工程、大树移植等，栽植是园林绿化工程最有象征性的内容，一般是在地下工程、房屋建筑群施工和地形塑造完成后实施。

（3）园路与活动场地。园路和活动场地具有引导游览和方便游人集散的功能。园路分为人行道和车行道。人行道主要供游人通行使用，常见的有塑胶铺装道路、水泥混凝土园路、沥青混合料园路、石材铺筑园路等。车行道主要供游览车辆、维护卡车、垃圾车、材料运输车等使用。活动场地常见的有广场、健身场地、娱乐场地等。公园和广场的出入口、主园路、游憩和服务建筑的建设应满足通行无障碍要求。

（4）园林电气安装工程。园林电气具有复杂性和特殊性，工程内容包含管沟开挖、套管预埋、管线埋设、检查井砌筑，以及配电箱、照明配电系统及配件安装等工程。

（5）园林给排水工程。园林给排水施工内容主要包含沟槽开挖、管道埋设、沟槽回填、井座安装、阀门安装等。

（6）园林小品与园林建筑工程。园林小品一般包括园林雕塑、假山石景、花架、汀步、踏步、水池等小品性设施。园林建筑如亭、台、楼、榭、廊、阁、轩、舫、厅堂、景墙、景观桥等。园林建筑和小品具有精美、灵巧和多样化的特点，设计创作时可以做到"景致随机、不拘一格"。

二、园林绿化施工质量要求

1. 工程的划分

主控项目指园林绿化工程中对安全、卫生、环境保护、公众利益及植物生长起决定性作用的检验项目。

一般项目指除质量验收规范主控项目以外的检验项目。

园林绿化工程的质量验收应按单位工程、分部（子分部）工程和分项工程划分，见表3-1。单位工程指具备独立施工条件并能形成完整景观效果的园林绿化工程，大型园林绿化工程可以设计为一个或以标段为单位的若干个单位工程。分部工程指按工程的专业性质划分，当分部工程较大或较复杂时，可按工种类别、材料种类等划分为若干个子分部工程。分项工程按主要施工工艺、材料进行划分。

表3-1 园林绿化工程的质量验收

单位工程	分部工程	子分部工程	分项工程
园林绿化工程	栽植工程	栽植基础	地形造型，栽植土及其表层土整理
		常规栽植	植物材料（乔木、灌木、花坛、花境和地被植物、草坪、水生植物），苗木挖掘，苗木装运，苗木假植，苗木修剪，乔灌木栽植（一般灌木栽植、行道树栽植、大规格乔木栽植），苗木支撑，花坛、花境和地被植物栽植
		草坪建植	一般草坪建植，观赏型和运动型草坪建植
		水生植物栽植	栽植槽，水生植物栽植
		立体绿化栽植	屋顶绿化栽植、垂直绿化栽植、坡面绿化栽植、沿口绿化栽植、棚架绿化栽植
		施工期养护	施工期的植物养护

续表

单位工程	分部工程	子分部工程	分项工程
园林绿化工程	园林电气安装工程	电缆工程	电缆管工程，电缆绝缘电阻工程，电缆敷设（直埋敷设、非直埋敷设），接线，沟槽工程，电缆井工程
		园林灯具安装	灯具基础工程、灯具安装、水下灯及潜水泵安装
		配电柜、控制柜和配电箱的安装	配电控制设备的安装
		通电测试	照明系统通电测试
	园林给排水工程	管道工程	沟槽开挖，沟槽回填，给水管道安装，排水管道安装
		喷灌系统安装	管线敷设、喷头安装
		收水井、支管工程	收水井、支管安装
	园林小品工程	广场和路面铺装	基层工程、结合层工程、面层工程
		假山叠石工程	假山工程，叠石工程，置石工程，塑山工程（骨架、基架、表面、涂层、钢材料焊缝、面板、抹灰）
		理水工程	人工湖工程，溪流工程，水景水池工程（沟槽、垫层、主体、装饰设施安装），水景喷泉、瀑布、跌水、喷雾工程
		园林木构件工程	木结构制作、木构件安装
		园林设施安装	座椅工程、标牌工程、果皮箱等工程
	园林建筑工程	按现行国家标准《建筑工程施工质量验收统一标准》（GB 50300—2013）划分	

2. 工程的质量标准

（1）质量验收程序和组织。分项工程应由专业监理工程师或建设单位项目技术负责人组织施工单位项目技术负责人等进行验收。分部（子分部）工程应由总监理工程师或建设单位项目负责人组织施工单位项目负责人、技术负责人等进行验收。

单位工程应由建设单位组织设计、施工、监理等单位项目负责人进行验收。当参加验收各方对工程质量验收意见不一致时，可由当地建设行政主管部门或工程质量监督机构（包括其委托的单位、部门或各方认可的咨询单位）协调处理。园林绿化工程质量验收合格后，建设单位应在规定时间内将工程竣工验收报告和有关文件报建设行政管理部门备案。

（2）质量验收基本要求。园林绿化工程的质量验收应按检验批分项工程、分部

（子分部）工程、单位工程的顺序进行。园林绿化工程质量验收应符合现行行业标准《园林绿化工程施工及验收规范》（CJJ 82—2012）中工程质量验收的规定。分项工程、分部（子分部）工程、单位工程质量等级应合格。

（3）检验批质量验收规定。主控项目应全部合格。一般项目采用计数检验时，除有专门要求外，合格率应达到80%及以上，且不合格的最大偏差值不得大于允许偏差值的1.5倍，应有完整的施工操作依据和质量检查记录。

（4）分项工程验收规定。分项工程质量验收的项目和要求应符合设计和标准规范的要求；分项工程所含的检验批均应符合合格质量的规定，质量验收记录应完整；分部（子分部）工程质量符合设计及专业工程要求，并符合现行规范的要求；分项工程质量均达到要求后再进行分部（子分部）工程验收。

（5）园林绿化单位工程质量竣工验收规定。单位工程所含分部（子分部）工程的质量均应验收合格；单位工程质量竣工验收报告应符合要求；单位工程质量验收记录应符合要求；单位工程所含分部工程质量控制资料应完整并符合要求；单位工程观感质量应符合要求。

（6）园林绿化工程质量不符合要求的处理。经返工或整改处理的检验批应重新进行验收；经有资质的检测单位检测鉴定能够达到设计要求的检验批，应予以验收；经有资质的检测单位检测鉴定达不到设计要求，但经原设计单位和监理单位认可能够满足植物生长要求、安全和使用功能的检验批，可予以验收。

学习单元2　园林绿化施工图

一、园林绿化施工图内容

1. 园林绿化施工图设计文件

园林绿化施工图设计文件应包括下列内容：图纸目录，设计说明，专业图纸（含图纸目录、设计说明和必要的设备、材料表等），工程预算书，各专业计算书等设计文件。当涉及专项或专篇内容时，应有相应的设计说明及设计内容。

2. 园林绿化施工图

园林绿化施工图应包含总平面、平面分区图及分区放大平面图、竖向设计图、种植设计总平面图及种植详图、水景设计图及详图、铺装设计图及详图、园林景观建筑小品设计图及详图，以及结构设计、种植设计、给排水设计、电气设计及设备管网与场地外线衔接的示意图或文字说明。

二、园林绿化施工图特点

1. 涉及的专业范围

园林绿化施工图不同于建筑、机械等专业设计图，它综合了美学、艺术、建筑、绘画、文学等多学科理论，具有综合性。其涉及专业范围包括园林建筑工程、土方工程、园林筑山工程、园林理水工程、园林铺地工程、绿化工程、花卉种植工程等。

2. 施工图的特点

（1）园林设计表现的对象是山石、路桥、园林建筑、园林小品、园林植物等工程设施。

（2）施工图所表达的对象种类繁多、形态各异、涉及面广，且大多没有统一的形状尺寸，尺度比例变化较大，使用工具仪器作图相对较难。因此，绘制园林施工图涉及的制图标准及规范较多。

（3）施工图应满足园林设计图设计自然美观、流畅的要求。

（4）园林设计以自然景观为基础，通过人为艺术加工、工程施工等手段，创造出符合一定要求的美的环境。

三、园林绿化施工图要求

1. 施工图要求

（1）图纸目录。图纸目录一般应按设计专业排列，列出新绘制的施工图、所选用的标准施工图或重复利用的施工图等的编号及名称。

（2）说明及指标概算。设计说明的内容以诠释设计意图、提出施工要求为主，并应单独编制工程概算书，包括：①设计依据及基础资料；②场地概述；③总平面布置；④交通组织；⑤技术经济指标（应符合地标、行标及国家的相关规定）。

（3）总图设计。总图包含总体平面图、索引图、分区平面图、定位图等。

（4）建（构）筑物及硬质景观设计（通用设计及详图设计）。包括设计说明和设计图。

1）设计说明。设计说明应包括设计依据、工程概况、设计标高、材料说明、防水防潮做法说明、特殊造型要求等。

2）设计图。设计图一般分为平面图、立面图、剖面图、详图、竖向设计图、其他构筑物单项设计图等。

①平面图。视图应包括顶平面和底平面在内的各层平面图。

②立面图。要表达立面外轮廓、主要结构和构造部件的名称、位置。

③剖面图。剖视位置应选在空间比较复杂、具有代表性的部位。单项局部不同处以及平面、立面均表达不清的部位，可绘制局部剖面图。

④详图。详图应表达各部位的材料、做法、形式、大小尺寸、细部构造等，并且要表明与其他相关专业的相互关系。

⑤竖向设计图。包含总体效果要求、地形设计内容、控制点标高，说明设计地形与原有地形的主要高差关系。

⑥其他构筑物单项设计图。其他构筑物单项设计图包括水景详图、铺装详图、景观构筑物详图。水景详图包括平面图、立面图、剖面图及详图等。铺装详图包括平面图、构造详图。景观构筑物详图包括平面图、俯视图、立面图、剖面图。

⑦其他构筑物单项设计图。其他构筑物单项设计图包含铺装标准设计图、道路标准段设计图、设施家具设计图等。

（5）结构设计。设计文件应包括图纸目录、设计说明、设计图和计算书。

1）设计说明。设计说明应包括设计依据、绘图说明、分类等级、结构材料等。

2）设计图。设计图包括基础平面图、基础详图、基础说明、位于河道处的结构基础（需注明河底标高及基础与驳岸河道的相对位置和标高关系）、位于坡地上的结构基础、结构平面图、结构详图等。

（6）种植设计

1）设计说明。设计说明内容和要求有：①根据初步设计文件及批准文件概述工程内容；②概述种植设计理念、设计原则和对植物景观的要求；③各类乔木、灌木、藤本植物、竹类植物、水湿生植物、地被植物、花境植物、草坪植物等的配置要求；④对栽植土壤的规定；⑤树木与建筑物、构筑物、管线间距的规定及要求；⑥树穴及树木支撑的要求；⑦植物材料的选择要求。

2）设计图

①种植设计总平面图。种植设计总平面图应包括下列内容：绘制指北针或风玫瑰图；标出城市坐标网及设计高程（等高线）；标出场地范围内拟保留的植物（古树名木应注明）；表达植物设计的空间和布局关系；标出不同植物类别、位置及范围。

②种植设计平面图。种植设计平面图要求和内容有：绘制分区平面图，分别绘制上木图（乔木）和下木图（灌木、地被）；标出与总平面图一致的城市坐标和设计高程（等高线）；标明拟保留的植物位置及种类名称；选用的植物图例应简明易识别，同一树种应采用相同的图例；标出图中每种植物的名称和数量（乔木、大灌木、球状植物用株数表示，竹类、灌木、地被等用株/m^2表示，草坪用m^2表示）；同一种植物

规格不同,应按比例绘制冠径;重点区域宜另出设计详图;根据设计需要绘制局部设计平面图、立面图、剖面图及效果图(节点透视图)。

③植物材料统计。

(7)给水排水设计。设计文件应包括图纸目录、设计说明、设计图、设备及主要材料表、计算书等。

1)设计说明。设计说明包括设计依据、工程概况、设计范围、给排水系统等。

2)设计图。设计图应包括给排水总平面图、管道节点图、给排水设备房图、水池配管及详图、主要设备表等。设计图的主要要求如下:

①在同一个工程项目的设计图中,图例、术语、绘图表示方法应一致。

②管道节点位置、编号应与总平面图一致,但可不按比例示意绘制;节点应绘制所包括的平面形状和大小,阀门、管件连接方式,管径及定位尺寸;阀门井节点应绘制剖面示意图。

③绘出各水池的形状、工艺尺寸及进水、泄水、溢水、透气管道位置等。

④需要专项设计(含二次深化设计)时,应在平面图上注明位置、预留孔洞、设备与管道接口位置及技术参数。

⑤主要设备表列出设备及主要材料及器材的名称、性能参数、计数单位、数量、备注等。

(8)电气设计。设计文件应包括图纸目录、设计说明、设计图、计算书。

1)设计说明。设计说明应说明工程概况、初步设计或方案设计审批定案的主要指标和设计依据。

2)设计图。设计图应包括主要设备表、配电干线系统图、配电箱系统图、供配电及照明总平面图、智能化总平面图。主要设备表应注明主要园林电气设备的图例、名称、型号、规格、单位、数量、安装要求等信息。

2. 尺寸、形状、位置要求

(1)标注总尺寸、定位尺寸及细部尺寸。

(2)标注场地标高及其他不同部位标高与坡度。

(3)标注主要结构和构造部件的名称、位置。

(4)标注有关平面节点详图或详图索引号、设计图名称,平面标注指北针。

3. 材料、数量、种类、色彩要求

应表达各部分装饰面层料名称及其型号、性能、规格、色彩、表面处理方式等。

4. 构造和结构要求

(1)标注主要结构和构造部件的名称、位置,以及其他装饰构件、线脚和粉刷分格线等。

（2）标注主要结构和构造部件的标高。

（3）标注剖面图上无法表达的构造节点详图索引。

学习单元 3　整地和土壤改良基础

一、整地

1. 场地清表

场地清表主要是清除表面的混凝土块、地基、乔灌木及其根茎、建（构）筑物和生活垃圾等。

场地清表施工大多采用机械施工和人工配合，施工机械可选履带式推土机、反铲式挖土机、自卸卡车等，对于水位高、场地泥泞的区域推荐使用履带式推土机。

2. 地下障碍物清除

根据现场实际情况对地下建筑物的位置、数量进行排摸，结合原有施工图进行物探，结合现场实际情况进行样沟探挖，弄清地下障碍物的实际情况，根据地下障碍物的大小、分布特点等采取针对性的处理方法和应对措施。清除地下障碍物时要根据现场实际，采取相对应的排水措施。

3. 土方施工

在土方施工之前首先要注意场地排水，设法将场地范围内的积水或者过多的地下水排走，在定点放线的基础上进行土方施工。土方施工除了开挖和回填，还包括中间过程中的运输和压实。施工方法根据场地条件、工程量大小和现场施工条件可在人力施工、机械化或半机械化施工中做选择。一般来说，机械化施工适用于土方工程较大、相对集中的工程项目，人力施工适用于因场地限制不便采用机械化施工的地段，对于工程量不大、施工点较分散的工程项目可根据实际情况采用半机械化施工，要根据工程项目情况因地制宜、灵活变通。

（1）人力施工注意事项。土方施工中人力施工的重点是要组织好劳动力。常用的施工工具有铁锹、镐、锄、铁锤、钢钎、手推车等。

1）施工人员应留有足够的工作面和施工间距，以免相互碰撞而发生危险，两人同时作业的间距应大于 2.5 m，平均每人的作业面积应有 4~6 m^2。

2）开挖土方附近不得有重物和易坍落物，若临时堆放材料，应控制一定的堆放高度且与基坑边缘保持一定的距离。

3）开挖过程中随时观察土质情况是否符合边坡要求，随时注意土壁变动情况，当开挖垂直深度超过一定尺度，必须设支撑板支撑。

4）土壁下不得向内挖土，以防坍塌。

5）在坡上或坡顶施工者，严禁随意向坡下滚落重物。

6）深基坑施工必须编制专项方案，挖深超过 5 m 或者挖深超过 3 m 且地下情况复杂的，必须经专家评审。应先挖阶梯或坡道，并做好防滑措施，严禁踩踏支撑。坑的四周要设置有效的安全栏。

7）按设计要求施工，施工过程中注意保护基桩、龙门板或标高桩。

8）土方开挖应遵循从上而下、水平分层、分段施工的原则。

9）土方开挖时，应防止邻近的已有建（构）筑物、道路、管线等发生下沉或变形，必要时做好监测工作并制定应急预案。

10）遵守相关施工操作规范和安全技术要求。

（2）机械施工注意事项。土方施工中机械施工应用比较广泛，一般较大规模的园林建（构）筑物的基坑或管沟、较大面积的水体、大范围的整地等都采取机械施工。

1）机械进场前应将施工区域所有的障碍物清除，并保障道路、桥梁等满足荷载要求，做好开挖标志，保障开挖的准确性。凡夜间施工的，照明设施设备必须足够。

2）对推土机操作人员应进行施工技术交底，使其全面了解土方开挖施工内容。

3）注意表土的保护和再利用，将施工地段的表层熟土收集起来再利用。

4）木桩和放线要设置明显，有效引导推土机操作人员。施工技术人员要经常现场校对，以免错挖。

5）基坑挖方应在基地标高以上预留 20 cm 土层，然后人工开挖清理。

6）清理预留土层时，应注意找平和确定基坑尺寸。

7）多台挖土机同时施工时，两机之间的距离应大于 10 m，且在挖土机工作的范围内不得进行其他工序施工。为保证施工机械的安全，应使挖土机和边坡保持一定的安全距离，且要保证边坡的稳定性。

8）土方开挖顺序宜从上到下分层、分段进行，施工过程中随时检查挖方的边坡情况，当垂直下挖深度超过 1.5 m 时，要做好边坡支撑，以防坍塌。

运土要按照土方调配方案组织人员、机械设备和运输路线，明确卸土地点。为避免乱堆乱卸，应派专人指挥。

土方应分层填筑和压实，填方土壤应根据用途和要求进行选择，应满足工程的质量要求，土方压实可根据工程量的大小、场地条件等因素选择人工夯实或机械压实。

二、土壤改良

1. 园林绿化种植土质量要求

种植土的理化性质影响植物的生长，种植土理化性质的主要标准如下：pH 值应符合本地区栽植土标准或按 pH 值 5.6～8.0 进行选择，土壤全盐含量应为 0.1%～0.3%，土壤容重应为 1.0～1.35 g/cm^3，有机质含量不应小于 1.5%，土壤块径不应大于 5 cm。由于地区差异，各地土壤的理化性质差异较大，可根据各地情况执行当地标准。

2. 土壤污染治理与修复

目前，园林绿化建设工程用地的前身较多涉及城市搬迁地、垃圾填埋场、工业用地等，这些区域的土壤应进行修复和改良，以达到对人和动植物健康不产生影响的环保标准。土壤污染治理和修复工程原则上在原址进行，并采取必要措施防止土壤挖掘、堆存等造成二次污染；需要转运污染土壤的，要将运输时间、方式、线路和污染土壤数量、去向、最终处置措施等，提前向所在地和接收地环境保护部门报告。工程施工期间，要设立公告牌，公开工程基本情况、环境影响及其防范措施；工程完工后，要委托第三方机构对治理与修复效果进行评估，结果向社会公开。

3. 不良性状结构的土壤改良方法

不良性状的土壤物理性状差，土壤孔隙度、团粒构造不良，紧实板结，容重高，杂质多，有机质含量少，生物酶活性低，需进行改良才能适合植物生长。常用改良方法如下：

（1）土壤耕翻和杂质清理。通过耕翻将土壤中的石砾、砖块、混凝土块、塑料等杂质清理出来，清理深度和要求根据绿化植物种类而异，一般来说先通过初整把较大的杂质清除，再细整灌木种植区域，最后全面浅整花草种植区域。

（2）客土。根据栽植的树木种类、大小而定，一般来说客土体积要略大于土球体积。草本植物在原状土上覆盖一层 10～15 cm 厚的客土，宜高出设计高度的 3～5 cm 以满足浇水收缩量。

（3）添加土壤改良介质。土壤改良介质种类应基于土壤不良性状类型而添加，如用有机或无机土壤改良剂增加土壤的透气性，用化学改良剂增加土壤的肥力，用高分子聚合物土壤改良剂改善土壤结构和增强土壤抗水蚀能力、减少水土流失等。

4. 盐碱性土壤改良方法

盐碱土是一种具有结构性差、透气和透水性差、瘠薄等恶劣理化性质的土壤，又分为盐土、碱土及不同程度的盐碱化土壤。改良利用盐碱土的重点是调控土壤中水盐运动状况，遵循"盐随水来、盐随水走"的运动规律，实施"以水为先、以肥为中心"的策略。主要改良方法如下：

（1）物理改良。物理改良方法包括深耕晒垡、微区改土、平整地面、客土抬高地面、大穴整地、换土等。

（2）水利工程改良。水利工程措施是防治土壤盐碱化首要的、必不可少的先决措施，其中排水系统又为重中之重，可以达到控制地下水位、排水洗盐、调节土壤和地下水的水盐动态的目的。

（3）化学改良。化学改良的方法是通过化学改良剂降低土壤中有害盐离子的有效性，促进其排出土体，改善土壤的理化性质，促进植物的生长，适用于小范围的盐碱土改良。

（4）生物改良。种植某些吸收土壤盐分的植物，通过多次收割实现对盐分的回收。种植枝叶繁茂或根系发达的植物，通过植物生长效应抑制返盐，改善土壤物理性质和增加土壤肥力，改善盐碱土。

5. 酸性土壤改良方法

酸性土壤一般是指 pH 值在 6 以下的土壤，改良方法有以下几种：

（1）增施有机肥。有机肥能够促进土壤中的有机质和矿物质颗粒结合，改善土壤理化性质。

（2）使用酸土改良剂定向改良。提高土壤的 pH 值，常用的改良剂有化学改良剂和有机物改良剂。

（3）种植耐酸喜酸植物。边利用边改造，通过整地、施肥、管理等措施使土壤活化，调整酸度促使植物良好生长。

学习单元 4　施工测量放样基础

一、施工测量概述

1. 测量学的概念

测量学是研究地球的形状和大小，以及确定地面（包含空中、地下和海底）点位的科学。从大的方面来看，它主要解决三个方面的问题：一是测定地球的形状和大小；二是将地球表面局部范围内的形状和大小测绘成图；三是满足各项工程设计施工的需要。园林测量主要是满足园林工程设计、施工的需要。

2. 地面点位确定

测量工作的任务之一就是确定地面点位（即点的位置），方法通常是求出该地面点在球面或平面上的坐标及高程。为描述空间位置，人们采用了多种方法，也就产生了多种坐标系。测量中常用的坐标系有地理坐标系、平面直角坐标系、高斯平面坐标系、国家坐标系等。

（1）高程的概念。确定一个点的位置，除了确定点的平面位置外，还要确定点的高程。高程示意图如图 3-1 所示，地面上某点（A 或 B）沿铅垂线方向到达大地水准面的距离称为该点的绝对高程（亦称海拔），用 H 表示（H_A 或 H_B）；地面上两点间高程之差称为高差，用 h 表示（h_{AB}）。大地水准面是高程的起算面，我国新的国家水准面是"1985 国家高程基准"。地面上某点（A 或 B）沿铅垂线方向到达假定水准面的距离，称为相对高程（H'_A 或 H'_B）。

（2）国家高程基准面。国家高程基准面是一个国家统一的高程起算面。我国以青岛验潮站求出的黄海平均海水面为国家高程基准面，作为我国高程起算的基准面。

以青岛验潮站 1950—1956 年的潮汐资料推求的平均海水面作为我国的国家高程基准面的系统称为"1956 年黄海高程系"，其水准原点高程为 72.289 m。

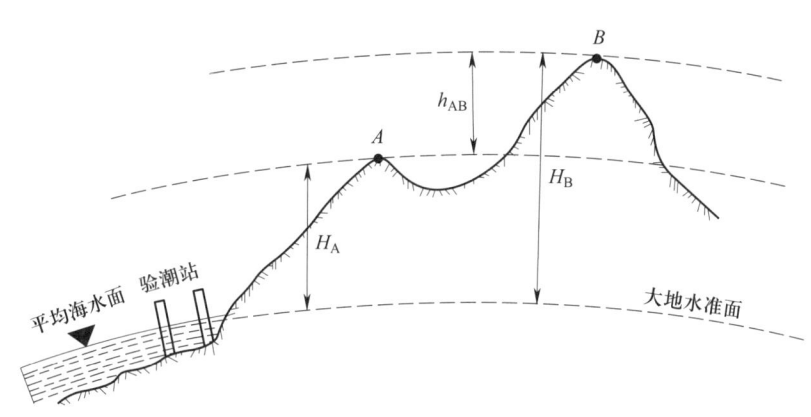

图 3-1　高程示意图

根据 1952—1979 年的验潮站资料确定的平均海水面作为我国新的高程基准面，称为"1985 国家高程基准"，其水准原点高程为 72.260 m。该基准于 1988 年 1 月正式启用，是我国目前使用的水准原点高程。

为了在全国范围内施测各种比例尺地形图，为各类工程建设的高程控制提供基础及为地球科学研究提供精确的高程资料等，以青岛水准原点为基点在全国布设了国家水准网。国家水准网分四个等级布设，一、二等水准测量路线是国家的精密高程控制网，三、四等水准测量直接提供地形测图和各种工程建设所需高程控制点。在高程控制点上会埋设水准标石，我国一等水准网由 289 条路线组成，埋设各类标石共计 2 万余座。

（3）地面点的标志。在测量中，选定的地面点要建立标志，并依次编号，同时记录点位的等级、所在地、点位的草图、委托保管等情况，该资料称为点之记。点之记示意图如图3-2所示。

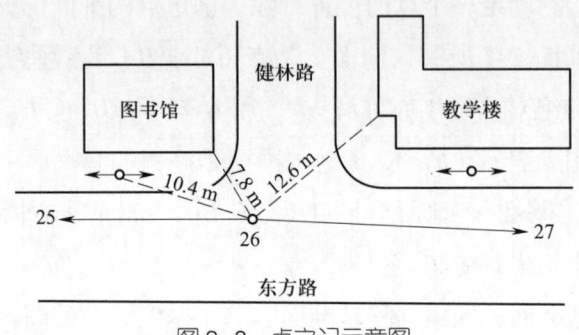

图3-2　点之记示意图

用于标定地面点的标志，其种类和形式很多，应根据测量需要选取。地面点的标志可分为永久性标志和临时性标志。

1）永久性标志。可将混凝土桩（见图3-3）或石桩埋入地下，在桩顶标定点位。如果点位布设在硬质地面，则用顶部呈半球形且刻有"+"符号、直径0.3～0.8 cm的钢钉打入地面来标定。

2）临时性标志。可将长30～40 cm、顶面边长5～7 cm的正方形木桩打入土中，在其顶面中间钉一小钉或刻"+"符号来标定点位。木桩标志如图3-4所示。硬质地面可打入钢钉标定点位；如遇岩石、树桩、石阶、桥墩等固定物时，也可在其上刻"+"符号作为临时性标志。

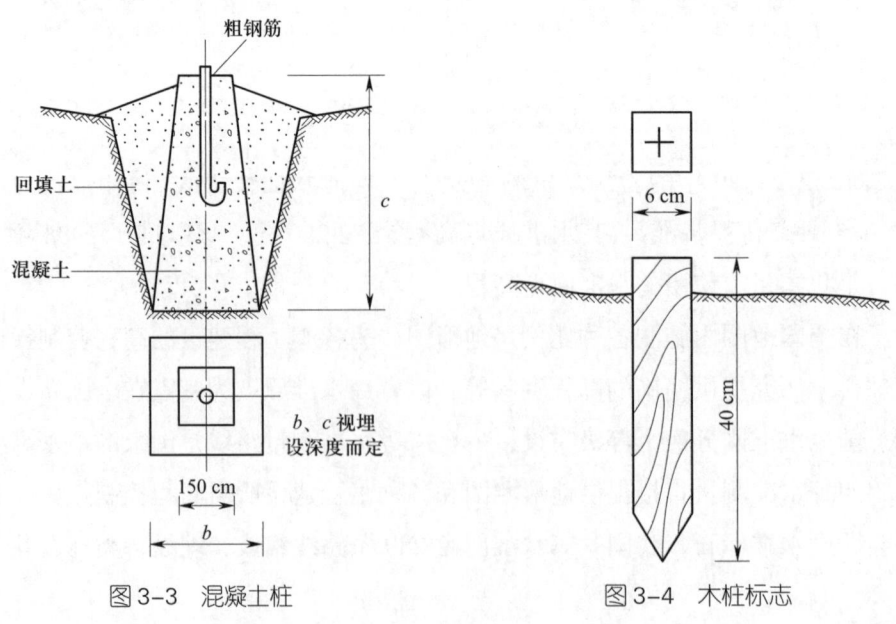

图3-3　混凝土桩　　　　图3-4　木桩标志

3. 测量工作在园林建设中的作用

园林绿化测量与人们的生活息息相关，在建筑、园林设计中也有着重要作用。从规划设计到完工验收，测量在园林工程建设中占据着很重要的地位，贯穿整个建设的过程，测绘地形图是规划设计的前提，必须在有地形图的基础上才能进行园林工程建设。随着社会经济的发展和科技水平的不断提高，我国在工程测量中运用到了地理信息系统、全球卫星导航系统、遥感、数字化测图等高新技术，加速了工程测量的进度，实现了对园林工程的实时监控，全方位保障园林绿化工程安全。

4. 测量误差的基本知识

（1）测量误差及其来源。在测量距离、角度或高差时，多次重复测量结果往往不一致。例如，测量一个三角形的内角，其和不等于180°，这种测量值与真实值（理论值）之间的差值称为测量误差。测量误差产生的原因主要有以下方面：

1）仪器因素。测量仪器不够精密引起的误差。

2）外界因素。外界环境中空气温度、风力、日光照射、大气折光、烟尘等不断变化引起的误差。

3）人为因素。测量者感觉器官的限制或生理因素等引起的误差。

（2）测量误差的分类。根据测量误差的性质，测量误差可分为系统误差和偶然误差两类。

1）系统误差。在相同的观测条件下，对某一量进行一系列的观测，若其误差在相同单位的数值上都相同或按一定规律变化，这种误差称为系统误差。例如，一根钢尺的名义长度为30 m，经鉴定后它的实际长度为29.99 m，拿这根钢尺量距，每量一整尺，都会产生0.01 m的误差，这0.01 m的误差就是系统误差。

系统误差对于观测结果的影响具有累积性，对观测结果影响很大。但系统误差呈一定的规律性，可采用各种方法消除或减弱它对观测结果的影响。例如，钢尺名义长度与实际长度不一致，可在观测结果中加入尺长改正数来消除误差。

2）偶然误差。在相同的观测条件下，对某一量进行多次观测，若其误差出现的符号及数值大小都不相同，从表面上看没有任何规律，这种误差称为偶然误差。例如，在观测读数时的估读数偏大或偏小等。

在测量中，错误是不允许存在的。系统误差可以消除或减弱，而偶然误差不可避免。经实践统计，偶然误差有以下特性：

①绝对值小的误差比绝对值大的误差出现的机会多。

②绝对值相等的正、负误差出现的机会相等。

③在一定的观测条件下，偶然误差不会超过一定的限度。

④偶然误差的算术平均值随着观测次数无限增加而趋近零。

二、施工测量仪器种类和用途

1. 水准测量常用的仪器和工具

（1）水准仪。水准仪按其结构可分为微倾式水准仪、自动安平水准仪、电子水准仪、激光水准仪等。

（2）三脚架。三脚架的主要作用是定位，用于将水准仪固定在某一指定点和指定高度，保证水准仪的正常放置。

（3）水准尺。水准尺是进行水准测量时与水准仪配合使用的标尺。常用的水准尺有塔尺、双面水准尺等。

1）塔尺。塔尺是一种逐节缩小的组合尺，其长度为 2～5 m，由两节或三节连接在一起，尺的底部为零点，尺面上黑白格相间，每格宽度有的为 1 cm，有的为 0.5 cm，在米和分米处有数字注记。

2）双面水准尺。尺长为 3 m 或 5 m，两根尺为一对。尺的双面均有刻度，一面为黑白相间，称为黑面尺（也称主尺）；另一面为红白相间，称为红面尺（也称辅尺）。两面在分米处注有数字。两根尺的黑面尺尺底均从零开始，而红面尺尺底一根从 4.687 m 开始，另一根从 4.787 m 开始。在视线高度不变的情况下，同一根水准尺的红面和黑面读数之差应等于常数 4.687 m 或 4.787 m，这个常数称为尺常数，用 K 来表示，以此可以检核读数是否正确。

3）尺垫。尺垫用生铁铸成，一般为三角形板座，其下方有三个脚，可以踏入土中。尺垫上方有一个突起的半球体，水准尺立于半球顶面，尺垫用于转点处。

2. 角度测量常用的仪器和工具

测量角度的仪器有经纬仪和全站仪。经纬仪是一种根据测角原理设计的测量水平角和竖直角的测量仪器，分为光学经纬仪和电子经纬仪两种，常用的是电子经纬仪。

（1）光学经纬仪。光学经纬仪具有精度高、体积小、重量轻、密封性好、使用方便等优点。光学经纬仪有很多类型，按测角精度可分为 DJ_{05}、DJ_1、DJ_2、DJ_6、DJ_{30} 等不同级别，其中"D"指大地测量，"J"是经纬仪的代号，数字 05、1、2、6、30 等表示经纬仪的精度指标。

（2）电子经纬仪。电子经纬仪又称数字经纬仪、光电经纬仪，其采用光电（电子）度盘，能以数字形式显示角度值，便于储存和记录数据。电子经纬仪常与光电测距仪结合在一起，构成全站仪。全站仪即全站型电子测距仪，是一种集光、机、电为一体的高技术测量仪器，电子经纬仪的价格常高于光学经纬仪。

3. 距离测量常用的仪器和工具

（1）测尺（见表3-2）。

表3-2　测尺

名称	说明
钢尺	用薄钢带制成，长度有20 m、30 m、50 m等
皮尺	用麻线与金属合织而成，尺长有20 m、30 m和50 m等
玻璃纤维卷尺	用玻璃纤维束和聚氯乙烯树脂等新材料采用新工艺制造的产品。该尺长有30 m和50 m两种，量距精度略高于钢尺，且从强度、工作效率、价格、使用寿命等方面也明显优于钢尺
测绳	由细麻绳和金属丝制成的线状绳尺，长度为100 m，每1 m有钢箍并有标注。测绳只适用于低精度的丈量

（2）量距离的辅助工具（见表3-3）。

表3-3　量距离的辅助工具

名称	说明
标杆	多用铝合金制成，长2 m或3 m，用红白油漆交替漆成20 cm的小段，标杆的底部装有铁尖以便插入地中或对准点的中心作为观测觇标
测钎	多用钢丝制成，长约30 cm，用以标定尺段位置和统计所量整尺段的数目
垂球	多用钢制成，当地面坡度较大时，用以垂直投点来标定测尺的端点位置

三、施工测量方法

1. 水准测量的原理和方法

水准测量是利用水准仪提供一条水平视线，配合水准尺测得两点间的高差，根据已知点的高程计算待定点高程的方法。

已知 A 点高程 H_A，欲求 B 点高程 H_B。将水准仪安置在两点之间，在 A、B 两点竖立水准尺，确定观测方向。已知点 A 为后视点，待求点 B 为前视点。后视点上水准尺读数称为后视读数 a，前视点上水准尺读数称为前视读数 b，则 B 点对 A 点的高差 $h_{AB}=a-b$，待求点 B 的高程 $H_B=H_A+h_{AB}$。

利用高差推算高程的方法称为高差法。

在地形测量和各种工程施工测量中，安置一次仪器常常要求测出若干个前视点的高程，这时，为了便于计算，可以先求出水准仪的水平视线的高程（记作 H_i），再分别计算各待定点的高程，则视线高程 $H_i=H_A+a$，待求点高程 $H_B=H_i-b$。

利用视线高程推算高程的方法称为视线高程法。高差有正负之分，当 $a>b$ 时，$h_{AB}>0$，B 点比 A 点高，反之 B 点比 A 点低。若测定两点之间高差时观测方向相反，则所测高差理论上数值相等，符号相反，即 $h_{AB}=-h_{BA}$。

2. 角度测量的原理和方法

（1）水平角测量基本原理和方法。水平角是指过空间两条相交方向线在水平面投影的夹角，角度为 $0°\sim360°$。水平角测量基本原理如图 3-5 所示，空间两直线 OA 和 OB 相交于点 O，将点 A、O、B 沿铅垂方向投影到水平面上，得相应的投影点 A'、O'、B'，水平线 $O'A'$ 和 $O'B'$ 的夹角 β 就是过两方向线所作的铅垂面的夹角，即水平角。通过测量仪器分别瞄准目标 A 和 B，读出读数 a 和 b。水平角 β 为 A 和 B 两个方向读数之差：$\beta=b-a$。常用的测量方法有测回法和方向观测法。

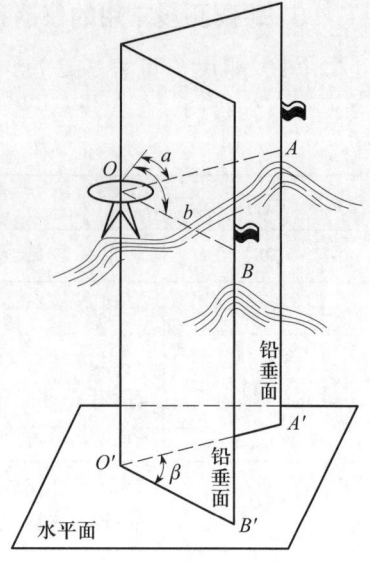

图 3-5 水平角测量基本原理

（2）竖直角测量基本原理和方法。竖直角即在同一竖直面内，目标方向线与水平视线的夹角。竖直角的取值范围为 $0°\sim\pm90°$。竖直角又分为仰角和俯角。仰角指目标方向线在水平视线的上方，为正角度；俯角指目标方向线在水平视线的下方，为负角度。

天顶距即从过起点的天顶方向至观测视线的夹角，用 Z 表示。对同一条观测视线而言，天顶距 Z 与竖直角 α 的关系为 $\alpha+Z=90°$。

欲观测竖直角 α，首先在竖直面内设置一个有均匀刻划线的竖直圆盘，使圆盘中心与视线起点 O 重合。若视线水平时竖盘读数为一常数（如 $0°$ 或 $90°$），则用望远镜照准目标时在竖盘上的读数值与常数相减即得到该观测方向的竖直角。

竖直角的大小与竖直圆盘在过起点的铅垂线上的放置位置有关。

3. 距离测量的原理和方法

距离测量就是按照某种方法将两点的铅垂线投影到水平面后测量直线距离。按照使用仪器、工具的不同，测量距离的方法有钢尺量距、电磁波量距、视距量距等。

当地面两点之间距离较长或地面起伏较大，需要分段进行测量时，为了使测量线段在一条直线上，需要在待测两点的直线上标定若干个点，以便分段丈量，此项工作称为直线定线。一般情况下可用标杆法目估定线，精度要求较高时应使用经纬仪等定线，此处主要介绍目估法定线。

（1）两点间定线。如图 3-6 所示，设 A、B 为直线的两个端点，需要在 A、B 之间标定①、②等点，使其与 A、B 成一直线。其定线方法是，先在 A、B 点上竖立标杆，观测者站在 A 点后 1～2 cm 处，由 A 点瞄向 B 点，使单眼的视线与标杆边缘相切，以手势指挥①点上的持标杆者左右移动，直至 A、①、B 三根标杆在一条直线上，然后将标杆竖直插在①点上，再用同样的办法标定②点，最后把①、②点都标定在直线 A、B 上。

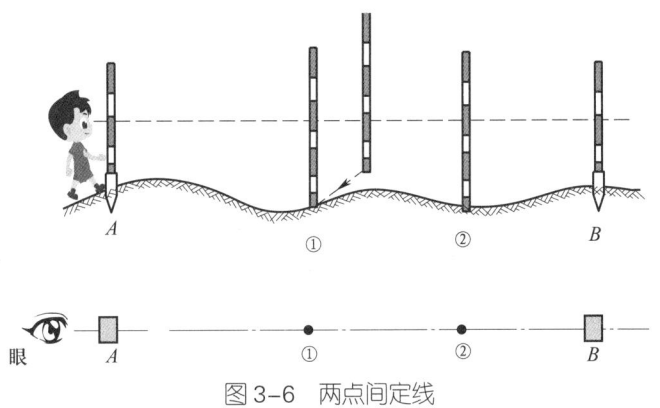

图 3-6　两点间定线

（2）两点间互不通视的定线。如图 3-7 所示，设 A、B 两点在山头两侧，互不通视。定线时，甲持标杆选择靠近 AB 方向的①$_1$ 点立标杆，①$_1$ 点要靠近 A 点并能看见 B 点。甲指挥乙将所持标杆定在①$_1B$ 直线上，标定②$_1$ 点位置，要求②$_1$ 点靠近 B 点并能看见 A 点。由乙指挥甲把标杆移动到②$_1A$ 直线上，定出①$_2$ 点。这样互相指挥，逐渐趋近，直到①、A、②点在一条直线上且②点在①B 直线上为止。这时①、②两点就在 A、B 直线上了。

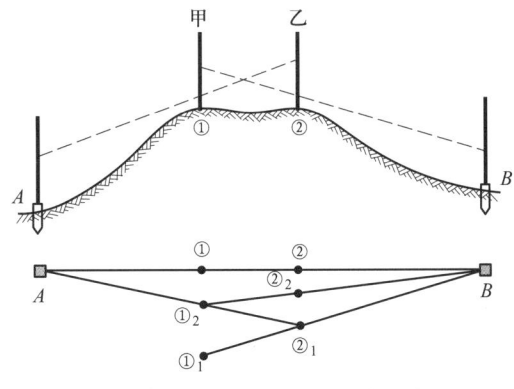

图 3-7　两点间互不通视的定线

四、施工放样目的和方法

1. 施工放样的概念和目的

（1）施工放样的概念。施工放样也称施工放线，就是把设计图上的内容转化到实际地面、墙面上，并按测量数据给予标注，实现将设计的框架转化到现实中，为建设施工提供参照。

（2）施工放样的目的。把图样的尺寸放置到现场，评估与实际是否相符合，把不相符的整理出来，做好记录，同设计方、业主沟通，为施工做好准备；通过放样能精确地进行石材、木饰面等各种材料的用量计算及统计汇总；通过放样能发现各种材料的交接和使用不妥的节点，提前做好预控，把好质量关；通过放样能做好综合布点定位，为施工指明方向，减少返工，为产品化施工打下基础。

2. 施工放样常用的方法

（1）传统方法。传统的施工放样工作中，放样点的定位常常以钢尺测距为主，高程的定位以水准尺测设为主。在施工区内通过布设网格、对照施工图、量测每个放样点与参照网格点之间的距离，确定并标注放样点。高程测设时，通过水准尺和水准仪来测定相对高差，确定放样点高程。传统方法工作量较庞大，且精度受施工测设人员的操作影响较大，不适用区域较大的施工放样。

（2）仪器方法。随着电子仪器、光电仪器的快速发展，施工放样中的很多繁杂的测算工作逐渐被仪器取代，并且由于仪器测算更加精密，保证了施工放样的精确有效，适用范围更广。最常见的仪器放样方法有经纬仪放样法和全站仪放样法。

学习单元5 园林植物栽植和栽植后管理基础

一、园林植物栽植概述

园林植物栽植是指通过对园林植物的栽植、养护与管理，使园林植物在特定的栽植地点和环境中达到最佳的生长状态。园林绿化栽植应用的植物包括乔木、灌木、藤本植物、竹类植物、棕榈类植物、花卉、草坪草等。

二、影响园林植物生长的主要因素

1. 土壤对园林植物的影响

土壤是植物生存的基础，在为植物的根系提供支撑固定的同时，还为植物的生长发育提供水分、养分、空气及微生物环境。

（1）土壤质地对园林植物的影响。植物健康生长的前提是根系必须获得适度的水分、养分和空气，因此需要一定深度和宽度的疏松透气的土层。植物根系能够充分进行生理活动的土层称为有效土层。乔木、灌木、地被等不同植物根据根系分布情况的不同,所需要的有效土层厚度也不尽相同。一般来说,不同植物需要有效土层厚度由大到小依次为乔木>灌木>地被。

土壤中的空气是根系呼吸作用不可或缺的要素,而且其影响着土壤中各种生物活动和物质的分化、降解。土壤质地黏重、压实或积水的情况下,土壤中的氧气减少,根系呼吸作用停止,常会导致根系腐烂。土壤中空气和水分的比例是由土壤土粒大小决定的。按照土壤粒径的大小可将土壤分成沙土类、黏土类和壤土类。沙土类土粒空间大,排水性强,保水保肥性差;黏土类土粒间隙小,排水透气性差,但保水性强;壤土类土粒大小居中,透气性、排水性好,保水保肥力适中,适合大多数植物的生长。土壤团粒结构对于土壤同样重要,土壤颗粒和腐殖质结合形成小团粒,小团粒进一步相互结合形成直径 0.5~2 mm 的大小不等的团粒,这就形成了土壤团粒结构。大团粒间存在空气,小团粒持有水分。壤土既有良好的通透性又有一定的保水保肥能力。大多数园林植物适合在具有良好团粒结构,土质疏松、肥沃的壤土中生长。

(2)土壤酸碱度对园林植物的影响。土壤酸碱度和植物的生长发育有密切的关系,决定土壤的理化性质、营养元素的分解状态、土壤微生物种类,直接影响植物对营养元素的吸收利用。多数植物适应的土壤 pH 值为 5.5~7.5。过强的酸性或碱性都不利于植物的生长,甚至造成植物死亡。如在碱性土壤中,植物难以有效吸收铁元素,常造成喜酸植物失绿症。各种植物对土壤酸碱度的适应力有较大差异。园林植物对土壤酸碱度要求的分类见表 3-4。

表 3-4 园林植物对土壤酸碱度要求的分类

分类	说明
酸性土植物	在土壤 pH 值为 6.5 以下时生长良好的植物,如藿香蓟、仙客来、八仙花、紫鸭跖草、杜鹃、山茶、栀子、苏铁、木荷、厚皮香、野鸦椿、杨梅、红花檵木、马醉木、六月雪、茶梅、九里香、石楠、油茶、胡枝子等
碱性土植物	在土壤 pH 值为 7.5 以上时生长良好的植物,如石竹、侧柏、紫穗槐等
中性土植物	在土壤 pH 值为 6.5~7.5 时生长良好的植物,大多数植物在中性土壤中能生长良好

(3)土壤肥力对园林植物的影响。土壤肥力是指土壤满足植物对水、肥、气、热需求的能力,它是土壤物理、化学和生物学特性的综合反映。如果想要提高土壤肥力,就需要土壤具有良好的物理性质、化学性质和生物学性质。园林植物种类繁多,耐瘠薄的能力也不同。大多数植物喜欢生长在深厚、疏松、肥沃的土里。有些种类的植物则能在较瘠薄的土壤中生长,如悬铃木、侧柏、油松、木麻黄、构树等。在进行

园林植物配置时，除考虑气候因子、光照条件外，还应了解植物对土壤肥力的喜好，将喜肥和喜深厚土壤的树木栽植在深厚、肥沃和疏松的土壤中。而对于土质稍差、立地条件不理想的栽培位点可以选择耐瘠薄的树木栽植。

（4）盐碱土对园林植物的影响。盐碱土包括盐土和碱土。盐土是指含有大量氯化钠、硫酸钠等可溶性盐类物质的土壤，通常不呈碱性反应，常见于滨海地区。碱土是指含有碳酸钠和碳酸氢钠呈强碱性的土壤，多见于干旱、少雨的内陆地区。盐类物质会使土壤溶液的浓度大于植物根系细胞液的浓度，迫使根系无法从土壤中吸收水分，此外盐类还对根系有腐蚀作用，会导致植物萎蔫死亡。因此，大多数树木无法在盐碱土上正常生长。但不同种类的植物抗盐碱能力也不相同。在盐碱土上种植园林植物时，应当在注重土壤改良的同时，选择那些抗盐碱能力较强的植物，如夹竹桃、海滨木槿、柽柳、苦楝、火炬树等。

2. 水分对园林植物的影响

水是植物体的重要组成部分，也是植物维持一切生命活动的必要条件，在植物的生长发育过程中影响极大。首先，水分是植物细胞扩张生长的动力，如果水分不足，细胞扩张生长就会受阻，使植株矮小，严重缺水时，还会影响花芽发育进程，导致花量减少。其次，水是植物光合作用顺利进行的必要条件，缺水使光合作用降低甚至停滞。同时，有机物质向生长部位运输也需要水分，缺水时有机物趋于水解，呼吸作用急剧增加，这些都不利于植物生长和养分积累。最后，在水分不充足的情况下，机械组织和保护组织不发达，植株的抗逆能力降低，易受病虫害的危害。

植物根据其生长对水分需要量大小的分类见表3-5。

表3-5 植物根据其生长对水分需要量大小的分类

分类	说明
旱生植物	可忍受长期的天气干旱和土壤干旱，并能维持正常生长发育的植物。常见的旱生植物有柽柳、枇杷、胡颓子、紫薇、棕榈、马尾松、丝兰、龙柏、油松、侧柏、桧柏、黑松等
中生植物	适宜生长在干湿适中的环境中且对土壤水分要求不严格的植物。一般认为土壤水分保持在60%～80%时，该类植物的根系可以正常地生长、吸收，该类植物不能长期忍受过干和过湿的环境。大多数园林植物属于此类
湿生植物	在土壤含水量过高甚至短期积水的条件下能正常生长的植物，如落羽杉、池杉、水松、重阳木、枫杨、垂柳、白蜡、凌霄等
水生植物	生长于水体、沼泽地、湿地中的植物，如荷花、睡莲、芡实、凤眼莲等

3. 温度对园林植物的影响

温度是影响园林植物分布和植物发育的重要环境因子之一，影响着植物体内一切生理生化活动。

（1）温度对园林植物分布的影响。每一种植物的生长发育对温度都有一定的要求。最低温度、最适温度和最高温度，即温度的"三基点"。不同种类的植物原产地气候类型不同，温度"三基点"也不同。因此，植物都适合生长在某些气候带范围内，如超越气候带限定的温度范围则不能正常生长。《中国气候区划名称与代码 气候带和气候大区》（GB/T 17297—1998）将我国划分为寒温带、中温带、暖温带、北亚热带、中亚热带、南亚热带、边缘热带、中热带、赤道热带、高原寒带、高原亚寒带、高原亚温带、高原热带13个气候带。不同的海拔高度也分布着不同的植物，海拔高度越高的植物越适应冷凉的气候。可以根据植物所在的分布区和海拔高度了解其所适应的大致温度和生态习性。

（2）温度对园林植物生长发育的影响。温度不仅影响园林植物的地理分布，而且还影响植物生长发育的各个时期。多数植物的种子或球根解除休眠、茎伸长、花芽分化和发育、果实和种子成熟等，都与温度有密切的关系，如山茶、杜鹃、樱花、紫藤等都是在温度25 ℃以上才能完成花芽分化。但有些植物，如牡丹需要在某一阶段低温打破休眠，否则就不能开花结实。植物发育阶段的温度"三基点"通常比生长时期的温度高，因此开花结果时遇到低温极易遭受损害。另外，花青素的形成受温度影响较大，温度的高低会影响花色。温度还能影响果实和种子的品质，特别是在果实成熟期，需要足够的温度，果实才能有足够的含糖量和鲜艳的色泽。

（3）极端温度对园林植物的影响。园林植物在其进化过程中存在适宜的温度区间，温度过高或过低都会对植物产生不良的影响，特别是骤然的高温或低温对植物的生长发育有很大影响，严重的会导致死亡。

高温伤害是指当温度超过植物的最适温度范围后，对植物造成的伤害。高温使植物生长速度降低，高温破坏了植物光合作用和呼吸作用的平衡，使营养物质的消耗大于积累。另外，高温在加快生理活动的同时，也会大大加快蒸腾作用的速率，引发水分失衡导致叶片萎蔫枯死。如果温度继续升高，就会引起植物失水，产生原生质脱水，使蛋白质变性，导致植物死亡。一般植物在35～40 ℃时生长就会放缓，有些种类的植物在40 ℃以上仍能继续生长，但是50 ℃以上时，除了少数热带地区多浆植物外，绝大多数植物都会死亡。为防止高温伤害，在植物栽培过程中可以适时采取喷水、遮阴等降温措施帮助植物安全越夏。

低温也会对植物产生伤害，主要有冻害、冻旱、寒害等。通常情况下，气温逐渐降低，植物体内细胞淀粉逐步转变为糖，枝条的木质化程度逐渐提高，植物含水量降低，抗寒性大幅提高。但是突然的气温变化使植物无法短时间有效应对，就会造成植物的伤害甚至死亡。

4. 光照对园林植物的影响

光是绿色植物生存的重要条件，也是植株制造有机物质的能量来源。植物生长过程中所积累的干物质绝大多数来自光合作用。光通过光照强度、光照长度和光质对植物的生长发育产生影响。

（1）光照强度对植物的影响。各种植物都需要一定的光照强度才能正常生长，而不同的植物对光照强度的反应不同。例如，紫藤、月季等在光照充足时，植株生长健壮；八仙花、红豆杉等在强光下生长不良，在半阴环境下才能健康生长。此外，园林植物在不同的生长发育时期对光照强度的要求也不相同。

园林植物对光照强度需求不同的分类见表3-6。

表3-6 园林植物对光照强度需求不同的分类

分类	说明
阳性植物	喜较强的光照，通常不能在林下正常生长，如松树、栾树、紫薇等
阴性植物	在较弱的光照条件下比在强光下生长良好，光照强度过大会导致光合作用减弱，如玉簪、薹草、红豆杉等
中性植物（耐阴植物）	对光照强度的要求介于阳性植物和阴性植物之间，对光的适应范围较广，既能在全日照下生长，又能忍受一定的遮阴，如冷杉、柏树等

（2）光照长度对园林植物生长的影响。昼夜长短以及一天中光照时长对植物的生长发育也具有重要影响。一天中昼夜长短的变化称为光周期，光周期变化对开花结实的影响称为光周期现象。植物光周期现象在很大程度上与原产地的纬度有关，是植物在进化过程中对光照条件适应的表现。光照长度是植株成花的必需因子，有些植物在昼短夜长的季节开花，有些则在昼长夜短的季节开花。园林植物对光照长度要求不同的分类见表3-7。

表3-7 园林植物对光照长度要求不同的分类

分类	说明
长日照植物	光照时长必须大于每天14 h，才能由营养生长转入生殖生长进行花芽分化并顺利开花，而且光照时间越长，开花越早，如八仙花、唐菖蒲、美人蕉等
短日照植物	当光照时长少于每天12 h时才能开花，并且在一定范围内黑暗时间越长开花越早，否则便不开花或明显推迟开花，如菊花、一串红、蜡梅等
中日照植物	对光照长短的适应范围广，在较长或较短的光照下只要生长条件适宜，都能开花，如天竺葵、月季、紫薇等

在栽培养护中应当充分考虑植物对光照的需求及光照对植物的影响，将植物种植在适合的光照条件下。同时，可以利用其对光周期的敏感性对观花植物进行花期调控。

（3）光质对园林植物的影响。太阳光由不同波长的光线组成，太阳光的波长范围主要集中在 150～4 000 nm，其中人类可见光波长为 380～760 nm，对植物光合作用起着重要作用，其他不可见光包括波长小于 380 nm 的紫外线，波长大于 760 nm 的红外线，对植物也有一定作用。

不同波长的光对植物的作用不同，主要有以下几方面作用：红光和橙光有利于植物的光合作用和碳水化合物的积累；蓝光有利于蛋白质的合成；蓝紫光和紫外线能抑制茎的伸长和促进花青素合成；绿光几乎无用；红外线是一种热线，能够被地面和植物所吸收，提供植物部分热量。

5. 营养元素对园林植物的影响

（1）植物生长所需营养元素。所有高等植物的生长发育都需要一些化学元素，且该元素无法被其他元素替代，如果缺少某种元素，植物就会表现出特有的症状。这些元素直接参与植物的新陈代谢，对植物起直接的营养作用，被称为必需营养元素。目前高等植物必需的营养元素有 16 种，其中碳、氢、氧、氮、磷、钾、硫、钙、镁称为大量元素，植物对其需求量较大；铁、硼、锰、铜、锌、钼、氯称为微量元素，植物对其需求量较小。碳、氢、氧是构成一切有机物质的主要元素，占植物干物质总重的 95% 左右。碳、氢、氧主要来自二氧化碳和水，其他元素主要从土壤中吸收获得。

（2）营养元素的作用。植物对氮、磷、钾 3 种元素需求较大，其对植物生长发育影响较大，而且土壤中含量较少。人们常用这三种元素做成肥料，因此氮、磷、钾称为肥料三要素。除了氮、磷、钾元素外，其他元素对园林植物的生长发育也有着重要作用。

1）氮。氮是合成氨基酸不可缺少的元素之一，是构成核酸、磷脂、叶绿素的重要部分。缺少氮素，植物从外观来看会表现出树冠面积和叶片面积小、叶色黄化、枝叶量少，植物生长缓慢。苗期植物缺氮，植株生长受阻而显得矮小瘦弱，叶片薄而小；禾本科植物分蘖少，茎细长；双子叶植物分枝少。如果后期继续缺氮，则会影响开花结果。许多植物缺氮时，能把自身老叶片中的蛋白质分解，释放出氮素运输到新生叶片中利用。因此，植物缺氮的典型特征是植物下部叶片首先退绿黄化，然后逐渐向上扩展。而过量供应氮素则会使细胞增大，细胞壁变薄，细胞多汁，植株柔软，易受到机械损伤和病菌侵染，园林植物常表现为叶片肥大、茎长、容易倒伏、花量减少甚至不开花。只有补充适量的氮素，才能保证植物生长发育的正常进行。

2）磷。磷是植物体内许多重要有机化合物的组分，同时又以多种方式参与植物体内各种代谢过程，对保持品种优良特性有明显作用。缺磷的植物生长缓慢，植株矮小，分枝或分蘖减少。初期叶片常呈暗绿色，这是由于细胞伸长受阻，单位叶面积中叶绿素含量较高，但是其光合作用效率却很低，结实状况差。缺磷园林植物花芽分化少，发育缓慢。缺磷症状首先表现在老叶上，逐步向新叶发展。磷肥过量也会对植物生长产生不良影响，会出现叶片肥厚而密集、叶色浓绿、植株矮小、节间过短、生长明显受到抑制的症状；花果等繁殖器官因为成熟进程加快而导致个体变小；地上部和根系生长比例失调，植株矮小而根系非常发达，根量大而粗短。磷肥过多还会导致锌、锰等元素代谢的紊乱。

3）钾。钾与氮、磷元素相比在植物体内有些不同，钾在植物体内不形成稳定的化合物而呈离子状态存在，因此钾十分活跃，流动和再分配速度很快，能够被多次利用。在植物的生长进程中，钾不断地向代谢最旺盛的部位转移，幼嫩的芽、叶、根尖中都富含钾元素。钾对促进光合作用产物的合成与运输、促进蛋白质合成、参与细胞渗透调节、调节气孔运动等具有一定作用，能增强植物的抗逆性，提高植物品质。植物缺钾在早期不易被察觉，常表现为植株生长缓慢、矮化。缺钾严重时，植株下部老叶出现失绿并逐渐坏死，叶片暗绿无光泽，叶脉间先失绿，沿叶缘开始黄化或有褐色的斑点和条纹，并逐渐蔓延，最后发展为坏死；根系易出现根腐病；植株木质化程度低，易倒伏；容易受到高温、干旱等极端天气的影响，出现失水萎蔫现象。

4）钙。钙能够稳定细胞壁、细胞膜结构，促进细胞和根系的伸长，调节酶促反应等。植物对钙的需要量因作物种类和遗传特性的不同而有很大的差异。植物缺钙表现为生长受阻、节间较短，植株矮小而组织柔软。钙在韧皮部运输能力很弱，老叶片中富集的钙难以运输到幼嫩的组织，因此顶芽、侧芽、根尖等分生组织最先表现缺钙症状，易腐烂死亡，幼叶卷曲畸形，叶缘开始变黄并逐渐坏死。

5）镁。镁在叶绿素的合成和光合作用中起重要作用，对叶绿体中淀粉的降解、糖的运输和韧皮部蔗糖的卸载有较大影响。镁直接或间接参与蛋白质的合成，并且对植物体中一系列酶促反应进行调节。一般来说，当叶片含镁量大于0.4%时，镁是充足的。当植物缺镁时，其突出表现是叶绿素含量下降，并出现失绿症。由于镁在韧皮部的移动性较强，缺镁症状常常首先表现在老叶上，如果得不到补充，则逐渐发展到新叶。缺镁时，植株矮小，生长缓慢。双子叶植物缺镁时叶脉间失绿，并逐渐由淡绿色转变为黄色或白色，还会出现大小不一的褐色或紫红色斑点或条纹，严重缺镁时整个叶片出现坏死现象。禾本科植物缺镁时，叶基部叶绿素积累出现暗绿色斑点，其余部分呈淡黄色，严重缺镁时叶片褪色而有条纹，特别典型的是在叶尖出现坏死斑点。

镁可以降低光合产物从"源"(如叶)到"库"(如根、果实或储藏块茎)的运输速率。缺镁对根系生长的影响要比对地上部大得多,从而导致根冠比降低。提高镁的含量能改善植物的品质。由于镁在植物体内的移动性较好,镁肥既可做底肥,又可做根外追肥。

6)硫。硫是蛋白质成分之一,能够促进根系生长,并与叶绿素的形成有关。当植物中干物质硫含量低于0.2%时,植物便会出现缺硫症状,常见症状为幼芽先变黄色,新叶失绿黄化,茎细弱,根细长不分枝,开花结实推迟,果实减少。此外,当氮元素充足时,缺硫症状发生在新叶;而缺乏氮元素的情况下,缺硫症状发生在老叶。硫可以促进土壤中微生物的活性。豆科植物缺硫,根瘤中固氮酶活性降低,中后期其缺硫症状和缺氮症状非常相似。

7)铁。铁元素是多种氧化酶的组成成分,对叶绿素的形成有促进作用,缺铁会影响叶绿素的形成。植物缺铁总是从幼叶开始,幼叶失绿,叶肉呈黄绿色,叶脉仍为绿色,黄绿相间相当明显,因此缺铁症又称黄叶病。严重缺铁时,叶片上出现坏死斑点,叶片逐渐枯死。此外,缺铁时根系中还可能出现有机酸的积累,对根系产生毒害。在排水不良或长期水浸的土壤中经常会发生亚铁中毒的现象,表现为老叶上有褐色斑点,根部呈黑灰色、易腐烂。造成缺铁的原因比较复杂,通常可能有以下几种:土壤及灌溉用水 pH 值高,灌溉水不合理造成土壤盐渍化,土壤排水不良导致根系周围氧气不足阻碍铁的吸收等。因此,植物缺乏营养元素应当采取综合措施进行防治,一方面改善土壤排水降低地下水位高度,多施有机肥,另一方面可以在生长季节通过施用化肥进行追肥,以改善树体营养状况。

8)硼。硼元素具有多方面的营养功能,能促进植物体内碳水化合物的运输和代谢,参与细胞壁物质的形成,促进根系的伸长,对生殖器官的形成和发育有重要作用。缺硼植物的主要症状表现为:茎尖生长点受抑制,严重时枯萎,直至死亡;老叶叶片畸形、变厚变脆,枝条节间短,出现木栓化现象;根的生长发育明显受影响,根短粗、褐色;生殖器官发育受阻,结实率低,果实小,畸形,导致种子和果实减产,严重时可能绝收。缺硼不仅影响种子和果实产量,而且还会影响种子和果实品质。

9)锰。锰元素在植物生长发育过程中的主要功能是直接参与光合作用、调节酶活性,促进种子萌发和幼苗生长。成熟叶片的含锰量为 10 ~ 20 mg/kg。这个含量相当稳定,很少受植物种类和环境条件的影响。低于此水平,植株的干物质产量、净光合量和叶绿素含量均迅速降低,而呼吸和蒸腾速率不受影响。植物缺锰时,通常表现为叶片失绿并出现杂色斑点,而叶脉仍保持绿色。燕麦对缺锰最敏感,因此常用它作为缺锰的指示作物。由于锰过量常使叶片组织的阳离子交换量降低,表现的症状与缺钙或缺铁的症状相同。

10)铜。铜元素参与植物体内氧化还原反应、光合作用和氮素代谢,是超氧化物歧化酶的重要组分,能促进花器官发育。大多数植物的含铜量为 5~25 mg/kg,当植物体含铜量小于 4 mg/kg 时就可能缺铜。缺铜常有一个明显的特征,即某些作物花的颜色发生褪色现象,如蚕豆缺铜时花的颜色由深红褐色变为白色。单子叶植物对铜比较敏感,而双子叶植物对铜的敏感性较差。禾本科植物缺铜表现为植株丛生,顶端逐渐变白,症状通常从叶尖开始,严重时不抽穗或穗萎缩变形,结实率降低或籽粒不饱满,甚至不结实。果树缺铜时顶梢上的叶片呈叶簇状,叶和果实均褪色,缺铜严重时顶梢枯死,并逐渐向下扩展。施用铜肥能有效缓解缺铜的症状。当植物含铜量大于 20 mg/kg 时就有可能中毒。铜对植物的毒害首先表现在根部,表现为主根的伸长受阻,侧根变短;其次新叶失绿,老叶坏死,叶柄和叶的背面出现紫红色。从外部特征看,铜中毒很像缺铁症状。

三、园林植物栽植工程施工原则

1. 按图施工

施工人员必须通过与设计人员的设计交底了解设计意图,全面了解设计要求,并且严格按设计图施工。如果施工人员发现设计图与施工现场实际不符,应及时向设计人员提出,并获取变更的设计图与相关文件。施工人员在符合设计要求的基础上可以发挥再创造以取得更佳效果。

2. 适地适树

适地适树就是使园林植物生态学特性和栽植地的立地条件相适应,以充分发挥所选植物在相应地点的最大生长潜力、生态效益与观赏功能。我国幅员辽阔,城市所处气候类型也各不相同,城市生态环境与自然环境相比也更加复杂多样,因此植物的选择应充分考虑植物地带性分布规律及特点,选择特定树种的一定类型(地理种源、生态型)或品种应与种植地点环境条件相协调。城市环境条件不仅受自然力的控制,而且也受人为活动的影响,这些因素都可能造成环境质量与植物需求的变化。因此,适地适树是相对的,而地和植物之间不断的相互适应是绝对的。在栽培养护过程中应当适时采取恰当的措施,不断调整二者之间的相互关系,变不适为较适,使树木健康生长发育。如针对不同的气候条件、土壤及水分情况选择确定与其适应的植物种类及品种,根据立地条件营造遮阴、防风、湿润的小环境来促进植物的生长。

3. 适时种植，合理安排

我国地大物博、植物种类繁多，只要植物选择合适且养护措施得当，除极端气候外一年四季均可栽植。但为了降低栽培养护成本和提高栽植成活率，园林植物应在最适种植季节栽植。通常，木本植物比草本植物更难栽培。根据树木栽植成活的原理，最适的栽植季节和时间首先应具备适合树体水分代谢平衡和愈合生根的气象条件（特别是温度与水分条件），其次是其生理活动的需求应与外界环境条件相吻合。对我国大部分地区而言，木本植物在晚秋和早春种植为佳，落叶植物在休眠期移植为佳，常绿植物在春季萌发前移栽最佳。当然必须根据当地气候和土壤条件及栽植树种的特性与状况进行综合考虑，确定适宜的栽植时间。

4. 严格执行技术规范和操作规程

园林植物栽培养护的技术规范和操作规程是指导种植工程施工的基本规则，必须严格执行，这样才能顺利通过监理方的技术验收并有利于树木后期生长。

四、园林植物栽植后管理

1. 水分管理

新栽培植物根系和植株受到损伤，栽培环境也发生巨大的变化，此时植物对水分非常敏感。栽植后的水分管理是植物能否移栽成活的关键。

植物的水分管理主要包括排水和灌溉。种植地点应避免积水，特别是夏季，雨热同期，积水叠加高温将给植物带来不可逆转的伤害。因此在种植之初就应充分考虑利用地形排水。如果种植地立地条件较差，可以适当将植物抬高栽培或者在地下铺设排水管道进行排水。在植物栽植后应及时足量浇水，以促进植物体内损失水分的补充和恢复。树木栽植后，应在树穴周围用土筑成高于根颈 10~15 cm 的围堰，围堰应筑实。筑堰后及时浇定根水，浇水应缓浇慢渗，出现漏水、土壤下陷和树木倾斜应及时扶正、培土。养护期内最好定期给新移栽的植物浇水。干旱季节应特别注意观察植物生长状况，视天气和土壤水分情况给植物浇水，使有效土层土壤含水量达最大含水量的 60% 左右。

新移栽植物根系受到损伤，水分吸收减少，常会出现水分蒸发大于吸收、叶片轻度萎蔫的症状。可以采取给植物喷水增加冠内空气湿度的方式来减少蒸腾，也可以对植物的叶片和枝条进行修剪减少叶量，或者通过搭设遮阴网的方式降低温度和减缓蒸腾速率，以促进植株水分平衡。

2. 营养管理

新移栽树木在根系没有建立起来形成新的吸收系统前，一般不应使用化肥，可以等到第一个生长季节结束后再正常施肥。其间可以使用0.1%～0.5%的叶面肥喷雾进行叶面追肥,或施用200～500倍稀释的液体肥灌根。在生产上也可采用营养液滴注方式直接为树体输送养分。

对于草本植物,应在整地时施足底肥,在栽培过程中适当追肥。一二年生花卉幼苗期主要施氮肥,以促进植物茎叶的生长,但是在生长期可以定期施肥并逐渐增加磷、钾肥的数量。多年生花卉追肥次数较少,全年至少四次,在休眠期施基肥以有机肥为主,春天生长季、花前和花后各施一次追肥,以复合肥为主。肥料的种类和数量因花卉种类不同而异。

3. 植物的修剪

木本植物在移栽施工中,为了减少树冠的蒸发量,通常要进行不同程度的修剪,因此在树干和主枝上极易产生大量不定芽,任其生长会发育成丛生枝,不但扰乱树形,而且会消耗大量养分。对于树干上的萌芽,除了留下少数长势旺盛、位置好的外,其余应尽早尽小抹除。此外,新移栽树木在运输、种植的过程中可能会损坏部分枝条,应当在种植完成后进行补充修剪,将损伤、折断的枝条修剪掉。对于重剪或截顶的树木,应当在生长季节根据芽的位置和长势进行抹芽和留芽。通常在剪口附近保留2～3个均匀分布的强壮新芽,留待将来培育成骨干枝。对于移栽后仍无法达到水分平衡而出现萎蔫的树木,可以进行更大强度的修剪,修剪的伤口要求平整光滑,并及时涂抹伤口愈合剂促进伤口愈合,防止发生腐烂。

草本植物移栽后,应将残枝枯叶及时修剪掉。对于叶片较大、移栽困难的草本植物,可以将叶片修剪到1/2至1/3。为防止病害趁虚而入,修剪后可以喷打多菌灵、百菌清等广谱杀菌剂。

五、立体绿化工程施工基础

1. 立体绿化定义和分类

(1)定义。立体绿化是指充分利用不同的立地条件,选择攀缘植物及其他植物栽植并依附或者铺贴于各种构筑物及其他空间结构上的绿化方式。广义而言,立体绿化是指除平面绿化以外的所有绿化。

(2)分类。立体绿化可分为屋顶绿化、垂直绿化、立体花坛等多种类型,其形式有墙面绿化、阳台绿化、高架桥体绿化、棚架绿化、栅栏绿化、坡面绿化等。

2. 立体绿化施工方案编制

因立体绿化工程类型较多,且各具特色,可根据立体绿化的形式不同,分别编制专项立体绿化施工方案。通常,立体绿化施工方案的内容应包括工程概况、编制依据、施工技术、工期保证、质量目标、安全目标、文明施工等各个环节内容。

3. 屋顶绿化施工

屋顶绿化（见图3-8）的涵盖面不单单是屋顶，还包括露台、天台、阳台、地下车库顶部、立交桥等一切不与地面、自然土壤相连接的各类建筑物和构筑物的特殊空间，是根据建（构）筑物结构特点、荷载和生态环境条件，选择生长习性与之相适应的植物材料，通过一定技艺，在建（构）筑物顶部及一切特殊空间建造绿色景观的一种形式。

图3-8　屋顶绿化

屋顶绿化施工较为复杂，因其所处位置不同于地面，首先需要满足楼层的承重，再次需要考虑楼层的防水，最后才考虑植物的选择与配置。从结构上来讲，屋顶的构造从下向上依次是绝热层、普通防水层、阻根穿刺防水层、排蓄水层和过滤层、种植土层、植被层，具体施工时可以根据实际情况适当增减层次。

4. 垂直绿化施工

垂直绿化施工属于绿化工程的范畴，需遵照施工图和施工技术要求进行。施工前，按照施工图与场地条件，实地了解水源、土质、攀缘依附物等情况，对照建筑物、构筑物的墙面及立面状况进行对比勘探。若依附物表面光滑，则可以设牵引铅丝。垂直绿化依工艺可分为攀爬式垂直绿化（见图3-9）、贴植式垂直绿化和模块式垂直绿化（见图3-10）等。

5. 立体花坛施工

立体花坛（见图3-11）是指将一年生或多年生小灌木或草本植物种植在二维或三维的立体构架上形成的植物艺术造型，是一种园艺技术和园艺艺术的综合展示。它

图3-9 攀爬式垂直绿化

图3-10 模块式垂直绿化

图3-11 立体花坛

通过各种不尽相同的植物特性，表现和传达各种信息、形象。同时，立体花坛作品表面的植物覆盖率至少要达到80%。因此，通常意义上的修剪、绑扎植物形成的造型并不属于立体花坛的范畴。立体花坛的施工一般包括场地整理、框架搭建、灌溉与照明设施施工、植物种植等四大部分，其中框架搭建与灌溉是难点，植物种植是重点、灌溉与照明设施施工是亮点。

学习单元6 园林硬质景观施工基础

一、施工图识图

1. 施工图识图的内容

园林硬质景观施工图主要包括施工图目录、设计总说明、施工总平面图、园林竖向施工图、园林建筑施工图、园路广场工程施工图、假山工程施工图、水景工程施工图、园林水电施工图等。

（1）施工图目录。施工图目录包括每张图纸的名称、内容、编号等，表明该工程图由哪几个专业及哪些图所组成，便于检索和查找。

（2）设计总说明。设计总说明主要介绍工程的概况和总要求，内容包括：设计依据，如有关地质、气象资料、规划等；设计标准，如园林、建筑等相关标准，抗震要求等；施工要求，如施工技术、材料要求、特殊施工工艺说明等。

（3）施工总平面图。施工总平面图是表现园林规划范围内各种造园要素的布局投影图，包括分区平面。施工总平面图主要表现用地范围内园林总的设计意图，能够反映组成园林各要素的布局位置、平面尺寸及平面关系。

（4）园林竖向施工图。园林竖向施工图表示园林中各个景点、各种设施、地貌等在高程上的高低变化和协调统一，主要表现地形、地貌、建筑物、园林道路系统等各种造园要素的高程及控制标高等内容。

（5）园林建筑施工图。园林建筑是指供人们游憩或观赏用的建筑物，如亭、台、楼、榭、廊、阁、轩、舫、厅堂等，也包括文化性和艺术性较强的构筑物，如景墙、图腾柱、纪念碑等没有内部空间的建筑。

（6）园路广场工程施工图。园路广场工程施工图包括园路广场铺装平面图和剖面图。园路广场铺装平面图包括铺装道路、铺装广场的材质及颜色、道牙的材质及颜色、铺装分格示意等。园路广场铺装剖面图应包含断面形状、材料要求、结构构造和施工要求。

（7）假山工程施工图。假山工程施工图包括假山工程平面图、立面图和剖面图。假山工程平面图（基础平面图）表示假山的平面（基础）布置、各部位的平面形状。假山工程立面图表现山体的立面造型及主要部位高度。假山工程剖面图表示假山某处内部构造及结构形式、断面形状，以及材料、做法和施工要求。

（8）水景工程施工图。水景工程施工图主要有总体布局图和构筑物结构图。总体布局图主要表示整个水景工程的每个构筑物在平面和立面的布置情况。构筑物结构图必须把构筑物的结构、形状、尺寸、材料、内部配筋、相邻结构的连接方式等都表达清楚。

（9）园林水电施工图。园林水电施工图主要包含水电外线总平面图、水电平面图、水电设备布置图、电气系统图和水电施工详图。

2. 施工图识图的要求

（1）平面图。了解园林各要素及建（构）筑物的平面位置、形状、数量、种类，以及铺装面层材料、规格、颜色等。

（2）立面图。了解建（构）筑物的朝向、层数和层高的变化，以及门窗、外装饰的要求等。

（3）剖面图。了解剖面部分的各部位标高和结构组成。

（4）结构图。了解平面图、立面图、剖面图等与结构图之间的关系。

根据平面图、立面图、剖面图等施工图中的索引符号，详细阅读所指的大样图或节点图。

二、常用材料分类及性能

1. 假山石

常用假山石特点见表3-8。

表3-8 常用假山石特点

种类	属性	特点
千层石	沉积岩	有多种类型、色彩
太湖石	石灰岩	质地细腻，易被水和二氧化碳溶蚀，表面产生很多皱纹涡洞，宛若天然抽象图案
英石	石灰岩	山水溶蚀风化，表面涡洞互套、褶皱繁密
灵璧石	石灰岩	质地细腻温润，滑如凝脂，石纹褶皱缠结、肌理缜密，石表起伏跌宕、沟壑交错，造型粗犷峥嵘、气韵苍古
黄蜡石	石英岩	又名龙王玉，因石表层内蜡状质感而得名。品质良好的黄蜡石有着翡翠的硬度，硬度好、透度高、色彩鲜艳丰富
斧劈石	沉积岩	具竖线条的丝状、条状、片状纹理，又称剑石，外形挺拔有力，但易风化剥落
龟纹石	石灰岩	因表纹酷似龟背纹而得名。虽属地埋石，但石质硬度较高
石笋石	竹叶状灰岩	形状越长越好看，往往三面已风化而背面有人工刀斧痕迹

2. 花岗石

花岗石为开采的坚硬天然石材。常用规格为 300 mm × 300 mm、400 mm × 200 mm、600 mm × 300 mm、600 mm × 600 mm，其他可使用的规格为 100 mm × 100 mm、200 mm × 200 mm；在一般情况下的使用厚度为人行路 30 mm、车行路 50 mm 厚；常用颜色为白色、灰色、黄色、红色、绿色、黑色、青色、棕色；面层分为机切面、自然面、抛光面、烧毛面、凿毛面、荔枝面、机刨面、剁斧面等。

花岗石结构致密，抗压强度高，吸水率低，表面硬度大，化学稳定性好，耐久性强，耐酸碱、耐气候性好，可以在室外长期使用。

3. 水泥砖

水泥砖由水泥、沙、石子、染色剂等混合预制而成，常用规格为 200 mm × 100 mm、400 mm × 200 mm，也可以使用 200 mm × 200 mm、300 mm × 150 mm、300 mm × 300 mm 等规格；厚度一般为 60 mm，也有 50 mm；常用颜色为浅灰色、深灰色、黄色、红色、棕色、咖啡色等。

水泥砖制作方便，而且染色剂可以调制，因此水泥砖可以定制成任何形状和颜色。

4. 透水砖

透水砖多采用水泥、沙、石子、矿渣、粉煤灰、陶瓷原料等环保材料成型、烘干、压制或高温烧结而形成。按原材料不同，透水砖可分为混凝土透水砖和陶瓷透水砖。

混凝土透水砖常用规格为 200 mm × 100 mm、300 mm × 150 mm；陶瓷透水砖常用规格为 200 mm × 100 mm、200 mm × 200 mm、300 mm × 150 mm、300 mm × 300 mm。常用厚度为 50 ~ 60 mm。

混凝土透水砖常用颜色为浅灰色、中灰色、深灰色、红色、黄色和咖啡色。陶瓷透水砖常用颜色为浅灰色、深灰色、铁红色、沙黄色、浅蓝色和绿色。

混凝土透水砖面层质感较粗糙，有较大的孔眼（与水泥砖相比）。陶瓷透水砖面层细腻，颗粒均匀，耐酸，防滑，抗腐蚀。为了保证利于雨水渗透，透水砖铺装基础不能使用混凝土垫层。

5. 岩砂石板

岩砂石板为开采的较薄脆的天然石材。由于石板质地较脆，因此一般情况下不宜使用大规格，应定制或者现场切割成所需规格。石板作为铺地材料时不宜使用 200 mm 以下的规格，常用规格为 200 mm × 100 mm、200 mm × 200 mm、300 mm × 150 mm、300 mm × 300 mm。

板岩有青石板、青平板、黑石英、黄锈平板、银灰色平板、黄板等。

砂岩有白砂岩、黄砂岩、木纹砂岩、红砂岩、白桦纹砂岩、灰绿砂岩等。

6. 卵石、豆石、水洗石

卵石分为天然卵石和机制卵石。豆石是指外形及大小和大豆相似的石子。水洗石是水泥及骨料的混合，抹平整快干后，用水洗掉骨料表面的水泥，露出骨料表面。骨料为多种色彩的细石子。

卵石常用规格为 $\phi 20mm \sim 30mm$、$\phi 30mm \sim 50mm$、$\phi 50mm \sim 80mm$、$\phi 80mm \sim 120mm$、$\phi 120mm \sim 150mm$。豆石、水洗石常用规格为 $\phi 3mm \sim 5mm$、$\phi 5mm \sim 8mm$、$\phi 8mm \sim 12mm$、$\phi 12mm \sim 15mm$。

天然卵石材料具有取材方便、种类繁多、造价低等特点，在河床、浅滩随处可见。

7. 木材

木材是用不同树木制成的防腐木，常用作木平台、木栈道、桥的铺装面层、木结构廊架等。常用规格最大长度为 4 m，宽度为 95 mm、100 mm、150 mm、200 mm 等。一般情况下厚度为 25 ～ 50 mm，但不同品牌和厂家的木材厚度不同。

木材是一种天然材料，具有生产成本低、耗能小、无毒害、无污染的特点，其质感好、可加工、强重比高，比一般金属的强重比都高，是一种质轻而强度高的材料。木材的缺点是易燃、易腐朽、不耐虫蛀、易干缩湿涨等。

8. 盲道砖

盲道砖是为盲人安全出行提供的行路方便道路设施，包括导向砖和止步砖两种不同功能的砖块。导向砖表面有多条平行等距的突出条纹，指引行走的方向，止步砖表面有突出的圆点。二者都可引起明显的脚底感觉。盲道的宽度一般在 400 ～ 600 mm，盲道砖必须齐缝铺设。

按照原材料不同，盲道砖分为混凝土盲道砖和花岗石盲道砖，常用规格为 200 mm × 200 mm、250 mm × 250 mm（花岗石盲道砖可使用 500 mm × 500 mm），厚度为 60 mm。

9. 青砖

青砖属于烧结砖，烧制青砖的主要原料是黏土，黏土加水调和之后，挤压成型，加入砖窑焙烤到 1 000 ℃ 左右，用水冷却让黏土中的铁不完全氧化，使其具有很好的耐风化和耐水特性。青砖颜色为青色，规格多为 175 mm × 75 mm × 35 mm，常见于中国古典园林和中式风格的景观环境中。

10. 嵌草砖

嵌草砖是预留种植孔的水泥砖，一般情况下不给出具体尺寸大小，根据市场和各厂家的产品要求确定。为保证种植孔中的植物成活，嵌草砖不宜使用水泥砂浆和混凝土垫层。嵌草砖的厚度一般为 80 mm，颜色一般为灰色系。

11. 塑胶地坪

塑胶地坪是以各种颜色的橡胶颗粒为面层，以黑色橡胶颗粒为底层，用黏着剂高温硫化热压制成。其厚度一般为 25 mm，分为现浇和成品铺设两种施工方式。

塑胶地坪作为一种耐磨、防滑、防火、环保的地面装饰材料，形式多样，若为现浇，可铺设成色彩、图案丰富的场地，可用于儿童游戏区、老人活动区和健身器械摆放区。

12. 青瓦

青瓦多为黏土青瓦，以黏土为主要原料，经泥料处理、成型、干燥和焙烧制成，颜色为暗蓝色、灰蓝色。青瓦规格有 300 mm × 240 mm、240 mm × 200 mm、200 mm × 180 mm 等。

13. 沥青

沥青是由不同分子量的碳氢化合物及其非金属衍生物组成的黑褐色复杂混合物，是高黏度有机液体的一种，呈液态，表面呈黑色，可溶于二硫化碳。

沥青是一种防水、防潮、防腐的有机胶凝材料。沥青主要可以分为煤焦沥青、石油沥青和天然沥青三种。

三、工具设备及防护用具使用

1. 工具设备种类、性能及安全使用

（1）打夯机。打夯机是一种利用冲击振动作用分层夯实回填土的压实机械。

打夯机必须装设防溅型漏电保护器，其额定漏电动作电流应不大于 15 mA，额定漏电动作时间应小于 0.1 s，并做好保护接零。

操作打夯机必须戴绝缘手套、穿绝缘鞋，应有专人调整电缆，严禁电缆缠绕、扭结或被夯土机械跨越。

（2）小型压路机。小型压路机也叫手扶式压路机，目前国内生产的小型压路机分为手扶式单轮压路机、手扶式双轮压路机、座驾式压路机三种。

当小型压路机需要改变前后行驶方向时，应先关掉振动开关，待滚轮停止后再进行变换方向的操作。严禁将换向离合器用于制动。

（3）台式石材切割机。台式石材切割机设计精密，结构简单，台式操作方便，有多种切割长度和深度可供选择。台式石材切割机可以切割普通石材、瓷砖、陶瓷、大理石、混凝土等材料。

每个工作日必须清理石材切割机导轨的污垢，使床身保持清洁，下班时应关闭气源及电源。如果离开机器时间较长则要关闭电源。

（4）电焊机。电焊机利用正负两极在瞬间短路时产生的高温电弧来熔化焊料和被焊材料，来达到使它们结合的目的。电焊机一般按输出电源种类可分为两种：一种是交流电源电焊机，另一种是直流电源电焊机。

作业前应检查焊接面罩,确保无漏光、破损。焊接人员和辅助人员均应穿戴好劳保用品。

在使用电焊机进行焊接作业的过程中,如果是露天场地作业,应设防雨、防潮、防晒的机棚,防止雨水进入造成电焊机漏电。

2. 防护用具种类、性能及安全使用

(1)安全网。安全网是用来防止人、物坠落,或用来避免、减轻坠落及物击伤害的网具。安全网一般由网体、边绳、系绳等组成。安全网可分为安全平网、安全立网及密目式安全立网。

(2)安全带。安全带是防止高处作业人员发生坠落或发生坠落后将作业人员限制在安全悬挂状态的个体防护装备。

(3)安全帽。安全帽是对使用者头部受坠落物或小型飞溅物体等其他特定因素引起的伤害起防护作用的帽子,一般由帽壳、帽衬、配件等组成。

(4)安全鞋。安全鞋有防滑设计,可防止操作人员因滑倒而引起事故,且透气性强、耐砸、护趾、防刺穿。主体鞋底内部设置防刺板,鞋面上方设置脚面防护板,可避免锐器利物伤害,以保证施工作业时的安全。

(5)护目镜。护目镜的种类很多,园林工程中主要使用防尘护目镜、防光辐射护目镜等。防尘护目镜可保护眼睛免受粉尘、烟尘、金属或沙石碎屑的侵入伤害;防光辐射护目镜可防护眼睛和面部免受紫外线、红外线和微波等电辐射的损伤。

四、园林硬质景观工程施工

1. 施工工艺要求

(1)施工准备

1)了解施工情况。施工情况包括施工用水电设施的安装、施工临时用房的搭建、近期施工材料进场的确认、人员进场和场地清理的情况等,要求达到即时施工的要求。

2)清除施工障碍。对场地中存在的施工障碍物、废弃物进行清除。

3)施工现场土地整平。园林建筑工程、水体工程等都要求在平整的场地上进行施工,使施工现场不积留雨水,土面整平后应略加夯实。

4)技术准备、材料准备、人工和设备准备。技术准备包含施工图复核交底、施工方案编制审批、测量桩位接管及复测、原始标高复核测量等。

材料准备包含核对材料清单、编制采购计划、进行苗木石材等主材的市场调研及订购、材料进场安排等。

人工和设备准备主要是劳务用工和机械租赁合同签订、技术工筹备、选配施工机械、安排机械进场。

（2）测量放线。园林工程的施工要依据现场或附近的测量基准点来定点和放线。

从附近的城市测量水准点和坐标点用测量仪器引入现场，设立永久水准点二处，作为标高控制的依据。坐标点测设到地面上，构成施工坐标系统，并对照园林施工图进行复核与确认。

园林施工的测量放线一般不是一次就完成的，而是有多次的测量放线工作。

（3）硬质景观工程

1）园路、广场地面铺装施工（包含基底、基层、面层施工）

①基底的处理应符合设计要求。在土质较好的平坦地上填方时，应分层碾压夯实；当填方基底为耕土或松土时，应将其基底碾压密实。

②基层在基底密实度达到设计要求并检测合格后施工。碎石垫层施工前应设置控制铺设厚度的标高桩或在固定部位做好回填标志。素砼垫层施工前应核对配合比，检查施工机械、运输工具，清除杂物，浇水湿润模板、基层，但基层表面不应有积水。

③面层铺装主要包括材料选择、样板制作、排版放样、黏结层控制、缝宽控制、勾缝、成品保护、重要节点与台阶处理等方面。

2）钢筋混凝土施工

①模板工程。模板必须横平竖直，支撑点必须牢固，扣件及螺栓必须拧紧，所有预埋件位置必须正确，复核无误方能封闭模板。

②钢筋工程。钢筋下料长度应通过具体翻样后计算，应充分考虑各种结构的受力部位、上下位置等因素。

③混凝土工程。混凝土到位后要及时振捣，混凝土振捣完时要按照规范要求及时做好混凝土试块。

3）钢结构施工。钢材的性能、规格及焊条、焊剂等必须满足设计与规范要求；要清除加工区域内的铁锈、油污，切割后端头要打磨干净、整修平整，并打坡口；对前一道工序进行检查，形成记录。

4）木结构施工。按照施工图要求进行预加工，每道工序完成后进行检查，形成记录；木构件制作前应进行放样，规格、尺寸、颜色应符合要求；安装前应检查复核尺寸，对木制品及金属品进行防腐处理。

5）水景工程施工

①人工湖、溪流要求。湖底标高、湖岸高差符合要求，湖岸线自然、和顺、边坡观感好。

②喷泉、管道要求。喷泉池底标高、结构形式、潜水泵的安装、电气安全（接地，水下电压）、喷头安装和管道试压必须满足设计与规范要求。管道安装顺序为先主管后支管、先深后浅。

6）设施安装工程。产品质量符合相关产品的规定，座椅（凳）、标牌、果皮箱的安装方法应按照产品安装说明书和设计要求进行，安装基础应符合设计要求。

7）景墙工程施工。砌体上下错缝，窗间墙及清水墙面无通缝；砌体接槎处灰浆应密实，灰缝与砌体平直；预埋拉筋数量和长度符合规范。

8）假山、景石施工。假山、景石的基础工程及主体构造必须符合设计和安全规定，假山结构和主峰稳定性应符合抗风、抗震强度要求。

主体山石应错缝叠压，石种、石色、纹理统一，并应注意石不可杂、纹不可乱、块不可均、缝不可多，形态自然完整。

假山、景石放置时，应注意主面方向，掌握重心，其山势和造型应达到设计图和设计说明的要求，具有整体感。

2. 施工措施要求

（1）绿化面积在 20 000 m^2 以下的应设置一个扬尘在线监测系统，每增加 20 000 m^2，应增设一个扬尘在线监测系统。

（2）施工现场非作业区域裸土和建筑垃圾应全部采取硬化、绿化、覆盖等抑尘措施。

（3）除特殊着装要求外，施工现场应以班组为单位统一工作服或统一标识，并全部配备反光背心。

（4）办公区、生活区与施工区应进行分隔，规范采取灭"四害"措施，提供符合卫生标准的饮用水和器具。

（5）施工现场的脚手架应采用承插型盘扣式脚手架或其他满足规范要求且与工程结构特征相适应的工具式脚手架。

（6）施工现场应设置全封闭、轻质坚固、可拆卸周转的围墙或其他满足节能、环保和安全要求的围墙。

（7）易产生噪声的作业设备应安放在施工现场中远离居民区的位置，并应在有隔音功能的临房、临棚内操作。

五、园林电气和给排水

1. 园林电气概述

园林电气主要包含照明配电箱和照明配电系统。园林灯具主要有景观灯、埋地灯、庭院灯、射树灯和草坪灯。

园林供电面积大，用电点较分散，负荷量较小。当然，如果园区内有大型建筑，其景观照明的电源也可由该建筑的变电站接出。一般配电箱的供电半径约 150 m，超过这个距离时应增加配电箱的设置。

园林外线可分为强电外线和弱电外线两大类。强电外线主要包括园区箱式变电站到区内各个建筑物配电箱及各室外照明配电箱的线路。弱电外线主要包括园区弱电管理用房到区内各个建筑物的弱电线路。

2. 园林给排水概述

（1）园林给水工程。园林给水就是对园林内所有的管理和运营所需要的水源进行补充，包括生活用水、造景用水、消防用水、养护用水等。

生活用水主要是办公室、小商店、餐厅、饮水器、公共卫生间、娱乐设施等用水；造景用水主要是各种水体的用水，如湖泊、溪涧、瀑布、喷泉、跌水、池沼等用水；园林中的古建筑物、主要建筑物周围及库房重地应设消防栓，提供消防用水；养护用水主要包括植物灌溉、夏季广场或园路的喷洒用水及动物笼舍的冲洗用水。

给水管线网络的基本布置形式有：①环状管网，就是将水管网闭合呈环形，方便管网之间的供水相互调剂；②树枝状管网，就是水管布线像树干分枝，其形式比较简单，且节省管材。

（2）园林排水工程。排水是指通过人为措施排除绿地中积水和园区内少量生活污水的活动，根据排水体制不同可以分为分流制排水和合流制排水。排水的同时还要考虑土壤能吸收到足够的水分，以利植物生长。干旱地区尤其应该注意保水。园林排水方式见表 3-9。

表 3-9　园林排水方式

排水方式	说明
地面排水	在公园绿地建设时对地形进行营造，形成一定坡度，使雨水能够从地面流入公园绿地景观水体、城市下水道网以及湖、河等自然水体中。这种排水方式最经济，而且便于维修，景观自然。公园绿地应尽可能采用地面排水
明沟排水	在公园绿地中开挖一条或多条排水明沟，或根据需要形成排水网络，将地表积水引流至景观水体、城市下水道网以及湖、河等自然水体中
暗沟排水	在公园绿地中埋设管道或砌筑暗沟，排除积水或降低地下水位。这种排水方式一般用于较大的水流，地面不留痕迹，保持了绿地或其他活动场地的完整性

学习单元7　园林绿化施工机具、技术资料和档案管理

一、园林绿化施工机具种类和作用

1. 园林绿化施工工具种类和作用

园林绿化施工工具指的是非机械类的园林工具。常用的园林工具很多，常用园林工具的主要类型见表3-10。

表3-10　常用园林工具的主要类型

主要类型	说明
裁截工具	包括枝剪、大力剪、高枝剪、高枝锯、刀、斧等
喷淋工具	包括水管车、手工高压喷雾壶、手摇喷雾壶、手动喷雾器、可移性定点补水器、园林喷灌及滴灌设备、花洒等
挖掘工具	包括铲、锄头、锹、耙等

2. 园林绿化施工机械种类和作用

常用的园林绿化施工机械按使用的能源分，有燃油机和电机两类；按使用功能分，有草坪机械、剪截机械、其他园林机械等。

（1）草坪机械（见表3-11）。

表3-11　草坪机械

名称	说明
剪草机	常用的剪草机有旋刀式剪草机、滚筒式剪草机、割灌机多联剪草车等，不同的草坪需要不同的机具进行修剪
疏草机	通过高速旋转的疏草刀片垂直切割而将过密的草坪草及表层土壤沿垂直方向切断，并将草坪草下层的干枯草垫挖出，从而达到提高草坪透水和透气性并促进草坪草抽发新根及新萌蘖的目的。疏草机主要由机头、刀轴、刀片、驱动轮、控制杆等部分组成
草坪打孔机	打孔管轴上的金属管在前进时插入泥中并带出部分泥，从而在草坪土壤中形成一个个直径约1 cm的孔，提高草坪土壤的通透性，并通过施肥及培沙加入肥料和细沙，对土壤起到改良作用。草坪打孔机按机器的结构形式可分为手扶自行式、坐骑式、拖拉机悬挂牵引式等；按打孔刀具的运动方式可分为滚动式打孔机和垂直式打孔机等

（2）剪截机械（见表3-12）。

表3-12 剪截机械

名称	说明
绿篱机	用于修剪大面积绿篱及造型灌木，有电动及油动两类。油动类绿篱机一般采用二冲程工作模式，使用混合油，噪声较大，并有一定的废气，但不受电源分布影响，方便野外作业；电动类绿篱机噪声小，无废气排放，较为轻便，但受电源分布影响，且使用时易发生割断电线的事故。绿篱机一般由发动机头、连杆、控制杆及刀片组成。绿篱机使用时有较大的危险，一定要按正确的使用方法正确操作，以防意外发生
油锯（链锯）	一般是以混合油为燃料的手提式二冲程机动截割机械，一般用来截断直径较大的植物茎干。油锯由机头（驱动部分）、握杆、长形锯头及其上的链状锯条组成
电锯	利用电作为驱动能源的割锯工具，一般用于割锯较大的木材或植物茎干。电锯由小型电动机、锯片、护盖、手柄及电源线组成

（3）其他园林机械。在园林绿化工程建设和养护过程中，高压喷雾机是日常植保的重要机械设备，是由汽油发动机、加压抽水机、吸水管、出水管、高压喷雾枪、大水桶等组成的高压喷雾设备，主要用于大范围喷药、施液肥等，具有雾化好、效率高的特点。除上述园林机械外，还有淋水车、挖掘机、自动施肥机等其他园林机械，可根据说明书及相关技术要求进行操作。

二、园林绿化施工技术资料和档案的意义与价值

园林绿化施工技术资料和档案是指园林绿化工程施工过程中形成的各种工程信息记录，以及按一定原则分类、组卷并移交业主单位归档的整个过程的历史记录。它包括园林绿化工程建设过程中形成的文件资料、园林绿化工程物资资料，以及工程施工过程中形成的施工资料、图纸资料及影像资料。

1. 园林绿化施工技术资料和档案的意义

园林绿化施工技术资料和档案是对施工情况的记录，真实反映了工程施工的全过程，反映了工程的内在质量，特别是对于隐蔽工程和建成后不易检测的项目更具有重要价值。园林档案记录了城市园林的建设布局、林木花卉品种、栽培技术、生长习性等，人们可以此为据研究制定园林规划、确定园林管理、整修、树木更新换代等方案，避免和减少调查、勘测等重复劳动，又使计划制定切合实际。城市园林档案对于一个城市旅游业的开发和建设具有重要的促进作用，人们可以通过查找园林档案，对

那些名胜古迹、名贵树木花草等进行开发和维护，多途径、多举措开发城市的旅游资源和发展城市的旅游经济，最终为提高城市的知名度和城市的经济发展做出应有的贡献。

2. 园林绿化施工技术资料和档案的价值

（1）对社会存在价值。园林建设单位要想立足市场并积聚优势，就必须贯彻创新理念，在项目施工中不断地收集数据和资料，加大对数据资料的开发研究，将新技术和新理论推广应用，从而为社会带来好处。档案是这些数据资料的载体，要想让档案资料具有及时和齐全的特点，就必须要加强管理，如此才能保证工艺的持续更新。

（2）对生产企业存在价值。园林建设生产单位的经营活动都可在档案中得到合理反映，无论是经营决策还是项目建设方案都会在档案中得到记录。档案工作人员收集和分析部门档案信息之后，将其用于生产经营和管理中，不但能够促进项目指标的有效完成，还能为企业提升市场竞争力和自身经济效益带来帮助。

（3）对工程建设存在价值。园林绿化档案是对整个工程建设的记录，是解决今后建设方、施工方、设计方及投资方之间争议的有力证据。

三、园林绿化施工技术资料和档案的类别与归集

1. 园林绿化施工技术资料和档案的类别

园林绿化施工技术资料是施工过程中重要的组成部分，同时也是工程竣工验收的必要条件。工程类资料分为A类（基建文件）、B类（监理资料）、C类（施工资料）。基建文件是建设单位在工程建设过程中形成并收集汇编的关于立项、征用地、拆迁、地质勘察、测绘、设计、招投标、工程验收等文件或资料的统称；监理资料是监理单位在工程施工过程中形成的资料统称；施工资料是施工单位在工程施工过程中形成资料的统称，涵盖了整个施工项目从开工到竣工的所有施工流程涉及的施工内容。

2. 园林绿化施工技术资料和档案的归集

资料组卷是园林绿化施工技术资料和档案归集的重要内容。资料组卷的目的就是便于归档保存和查询。因此组卷的首要原则就是遵循工程资料的形成规律，保持文件的内在联系（时间的先后顺序），根据工程施工流程的顺序进行整理。其中需要注意的就是同一事项的请示与批复，同一文件的印本、定稿主体与附件不应该分开，且应按批复在前请示在后、印本在前定本在后、主体在前附件在后的顺序排列。既有文字材料又有图纸时，文字材料应排在前面。

培训课程 3 园林绿化养护

学习单元 1　园林绿化养护内容和质量要求

一、园林绿化养护的定义

园林绿化养护是指对园林绿化植物进行整形修剪、松土、除草、灌溉、排水、施肥、有害生物防治、移植、补植、防护等措施,以保证植物正常生长、绿化景观面貌良好、绿地使用功能正常。广义上讲,园林绿化养护还包括对绿地中各种附属设施的日常保养、维护、修缮等工作。

二、园林绿化养护内容

园林绿化养护主要包括"养"和"护"两方面的内容。

"养"是指为植物的正常生长提供必要条件和辅助措施,如松土、施肥、灌溉、排水、修剪、改植等,以改善土壤、水分、养分、光照、空气等方面条件,使植物得以正常、健康生长,展现美好、繁茂状态。

"护"是指为植物提供必要保护,帮助植物抵御外界各种不良侵害。例如,采取除杂草、有害生物防治、防寒、防风,以及其他防范自然灾害、人为损害的措施,从而保护植物自身不受到伤害、生长环境不受到破坏。

三、园林绿化养护质量要求

园林绿化养护的主要对象是植物。依据植物类型不同,园林绿化养护可以分为树木养护、花卉养护、地被植物养护、草坪养护、特殊类型植物养护。对不同类型植物的养护质量有不同要求。

1. 树木养护质量要求

（1）乔灌木养护应做到树林（见图3-12）、树丛群落合理，有较为完整的外貌，林缘线、林冠线基本完整，季相明显，生长发育正常，无明显枯枝烂头，病虫害发生率及危害程度符合有害生物生态防控要求。孤植树（见图3-13）养护应做到树形完整美观、树冠饱满圆整。

图3-12 树林

图3-13 孤植树

（2）行道树（见图3-14）养护应做到无死树、无缺株、无大型枯枝、无明显有害生物为害症状、树干挺直、树冠完整，群体效果整齐美观，季相特征基本分明。

（3）绿篱（见图3-15）养护应做到无缺株、无枯枝或死株，无明显有害生物为害症状，修剪面平整、饱满，线条清晰美观，直线平直、曲线弧度圆润顺畅，生长发育正常、健康。

图3-14 行道树

图3-15 绿篱

（4）造型树（见图3-16）养护应做到修剪及时，保持其良好的艺术造型，树木生长健康，枝叶量正常、无缺损、无枯枝、无明显有害生物为害症状。

2. 花卉养护质量要求

花卉植物（见图3-17）生长健壮，主茎粗壮、分枝强健，花型、花色表现正常，无萎蔫、无枯叶残花、无明显有害生物为害症状、无明显杂草，株高基本一致，种植密度适宜，补植及时，按期、按季、按需更换。

图3-16 造型树

图3-17 花卉植物

3. 地被植物养护质量要求

地被植物（见图3-18）的植株规格（高度、大小等）基本一致，生长茂盛，覆盖度高，群体景观效果好，无明显空缺、无明显有害生物为害症状、无明显杂草。

4. 草坪养护质量要求

草坪（见图3-19）留草高度合理，整体平整、饱满，边缘线清晰，覆盖度高，草种纯度高，草颜色均匀一致，杂草率低，无明显有害生物为害症状。

图3-18 地被植物

图3-19 草坪

5. 特殊类型植物养护质量要求

（1）水生植物（见图3-20）。植株生长健壮，叶色正常，开花结果正常，无残花败叶、无明显杂草、无明显有害生物为害症状，整体景观效果优美，不超出景观要求的生长范围，群落密度合理，补植、排灌及时，暴雨后 1～2 h 内能恢复到正常水位。

（2）藤本植物（见图 3-21）。植株生长健壮，植物牵引得宜，无枯藤死株、无杂草、无明显有害生物为害症状，修剪合理、疏密适中，枝叶萌发生长量正常，开花品种的花期、花量正常，符合植物自身规律。

图 3-20　水生植物

图 3-21　藤本植物

（3）竹类植物（见图 3-22）。死竹、枯竹、破损竹清理及时，保持林相完整美观，竹丛密度合理、通风透光，植株生长正常、健壮，新老竹比例适当，竹鞭基本无裸露，无明显有害生物为害症状，无明显杂草。

（4）屋顶绿化植物（见图 3-23）。依据不同植物类型进行养护（参照各类型植物养护要求），保持植株生长正常、健康，具有较好园林景观效果，无明显有害生物为害症状，排灌设备使用正常，无干旱、无积水，防晒措施合理，避免日晒的影响，高温季节及时采取降温措施避免日灼等高温伤害，防水层保持良好的防水性能，植物生长量对房屋建筑承重无影响。

图 3-22　竹类植物

图 3-23　屋顶绿化植物

（5）垂直绿化植物（见图3-24）。植物牵引得宜，依据不同攀缘植物的习性设置适宜的网架（覆盖率达到90%以上），修剪合理、疏密适中，补植、更换及时，观赏面基本平整，无明显有害生物为害症状，无杂草。

图3-24　垂直绿化植物

（6）立体花坛植物（见图3-25）。植物造型轮廓清晰，观赏面饱满美观，疏密适中，无缺株、死株，叶面色泽鲜亮，植株生长健康，补植、更换及时，有排灌设备的要确保设备能正常使用，保持水分供应合理，无萎蔫、无腐烂。

（7）室内绿化植物（见图3-26）。植株健壮、株型匀称美观，叶面干净亮泽，无病虫害、无黄叶残枝，浇灌合理，施肥适量，肥料无异味，修剪适当，保持株型自然，植物的花盆、器皿等配套使用，颜色、大小适宜，保持干净整洁，更换植物及时。

图3-25　立体花坛植物

图3-26　室内绿化植物

学习单元 2 松土、除草、切边、覆盖基础

一、松土、除草、切边、覆盖的概念

1. 松土
松土是指适时适当采用人工或机械对土壤进行翻耕,使土壤疏松透气的养护行为活动。

2. 除草
除草是指除去杂草或除去非栽植而萌生的植株的养护行为活动。

3. 切边
切边是指在两种不同植物间切割出边界线或插入阻隔物的养护行为活动。

4. 覆盖
覆盖是指通过草坪草等地被植物或树皮等覆盖材料,对绿地内和树冠下裸露土地进行全面遮盖的养护行为活动。

二、松土的作用、时间和深度

松土可使表层种植土壤保持疏松,并具有良好的透水和透气性,以适宜植物的根系生长。各类植物松土的时间和深度见表3-13。

表3-13 各类植物松土的时间和深度

植物类型	松土的时间	松土的深度
树木	以秋冬季树木休眠期为好。大乔木可1年松土1次(结合施肥),小乔木及灌木宜1年松土多次	浅根性树木的松土深度为5~10 cm;深根性树木的松土深度为10~20 cm。总体原则是松土深度不伤及树木根部
地被	根据土壤疏松情况经常进行松土	松土宜浅,以3~5 cm为宜
花坛、花境	根据土壤疏松情况,经常进行松土	松土宜浅,以3~5 cm为宜
竹类	成林竹类宜在5—6月、7—8月各松土1次。新植竹类竹苗种植1个月后适时松土	竹林土层深度100 cm左右时,松土深度为20 cm左右;土层深度约70 cm时,松土深度为8~12 cm
草坪草	根据草坪的使用功能和土壤板结程度,在草坪草生长期适时进行松土。一般通过梳草、打孔、覆沙等措施达到松土的目的	使用打孔机进行松土时,洞深宜为2.5~5 cm

三、除草的作用和时间

1. 除草的作用

除草能提高土壤中有效养分的利用率，减少杂草与栽植苗木对土壤水分、养分的竞争，促进栽植苗木生长，提升园林景观的观赏性。

2. 除草的时间

一年四季都可以除草，但除草的时间主要集中在春、夏、秋三季，具体需要根据杂草生长状况而定。通常可以在早春进行一次全面杂草防除工作。

四、切边的作用、方法和要求

1. 切边的作用

切边可以隔断、减少不同植物对于生长空间的争夺，有利于区分各类植物生长范围，能突出边际线，使线条清晰，增强公园绿地观赏效果。

2. 切边的方法

使用铁锹、月牙铲等工具，沿着树坛、花坛或草坪的边缘向外斜切，切去少量土壤，切口以外的杂草要全部铲除，切口要平整。切边如图3-27所示。

可以使用插片（见图3-28）等材料作为隔断，将插片材料沿预定的分隔线插入土壤，插片留在土壤表面，高度以不超过其分隔植物为宜。

图3-27 切边

图3-28 插片

3. 切边的要求

切边要求边缘清晰，线条流畅和顺，并且注意切边不宜过深或过宽，切边效果如图3-29所示。

五、覆盖的作用和覆盖材料类型

1. 覆盖的作用

对裸露土壤进行覆盖，可以减少土壤水分蒸发、抑制杂草生长、保持土温相对稳定、防止土壤表面板结、减少水土流失。覆盖材料可拼成特定纹路，起到装饰美化的作用，提升公园绿地的观赏性和品质。

2. 覆盖材料类型

覆盖材料如图 3-30 所示，主要分为有机材料和无机材料。

图 3-29　切边效果

图 3-30　覆盖材料

（1）有机材料如草坪草等地被植物、树皮、木屑、树叶、松针、草屑、果壳等。

（2）无机材料如火山岩、沙砾、鹅卵石、石子、煅烧陶粒等。

学习单元 3　园林植物水肥管理基础

一、水分管理对植物的重要意义

水分对植物的生长有重要影响，水分不足或水分过多都会使植物生长出现问题。如果短期缺乏水分，植物就会萎蔫；如果长期缺水，超出植物耐受的极限，就会造成植物死亡。水分过多则会导致植物出现腐烂、感染病害，甚至窒息死亡等状况。

二、灌溉的概念、基本原则和方法

1. 灌溉的概念

灌溉是指在自然条件下植物水分需求得不到满足时进行人工供水的养护行为活动。

2. 灌溉的基本原则

（1）灌溉应分轻重缓急进行。先灌溉严重缺水或迫切需水植物，再灌溉其他植物。

（2）灌溉应因地制宜。应依据立地条件、设备情况开展灌溉工作。优先利用河湖水等天然水资源（需确保水质符合要求）或中水，其次选择使用自来水等资源。优先使用设备灌溉，其次选择人工灌溉。

（3）灌溉应适量。综合树种、植株大小、生长状况、土壤条件、植物需水量等方面条件确定浇水量，既满足植物生长需水要求，又节约水资源。

3. 灌溉的方法（见表3-14）

表3-14　灌溉的方法

方法	说明
喷灌	借助机械、管路、喷头等设备，将水喷射至空中然后以水滴的状态散落到植物和地面上，这是园林绿地中较常用的灌溉方法
滴灌	借助压力管道系统、滴头等设备，使水流在低压作用下沿管道通过滴头缓慢流出，浸润植物根系的灌溉方法
地面灌溉	通过各种地表灌水渠道，将水引入绿地，使水从地表渗入土壤的灌溉方法
地下灌溉	通过埋设在地下的暗管，使水从下向上浸润根区土壤的灌溉方法

三、排水的概念和方法

1. 排水的概念

排水是指通过人为措施排除绿地中的积水和园区内少量生活污水的行为活动。

2. 排水的方法

排水方法有地表径流法、明沟排水法和暗沟排水法。

四、养分管理对植物的重要意义

1. 土壤营养学基础知识

土壤是植物赖以生存的介质，植物生长所需的养分绝大部分都从土壤中获得。土壤自身具有的物理性质和化学性质对于植物吸收营养有重要的影响。

土壤的物理性质包括土壤结构、比重、容重、孔隙度、紧实度等，这些物理性质直接关系到植物生长所需的水、肥、气、热的供应和平衡。

土壤的化学性质包括土壤的酸碱度（pH值）、胶体性能、吸附性、氧化还原性等。这些化学性质影响了土壤的形成与发育过程，对土壤的保肥能力、缓冲能力、养分循环能力等影响显著。

城市园林土壤与其他土壤相比有自己的特殊性。一般来说，城市园林土壤在保留了本地原有土壤特性的基础上，还存在堆垫情况突出、土壤中碎砖乱石等建筑垃圾多、地表压实严重、地下市政管道多、营养贫乏等很多问题，这些也是造成园林植物生长不良的重要因素。

植物生长需要有机质、大量元素、微量元素等多种营养物质，而这些物质都要从土壤中获取。土壤中的养分类型大致可以分为水溶态养分、吸附态养分、固相状态养分等，各种养分类型之间处于动态平衡，其中水溶态养分是最容易被植物吸收利用的养分。

2. 养分不足对植物的影响

植物的根系生长良好，能够从土壤中吸收到充足的养分供给地上部生长，植物长势就好。如果土壤养分不足，或者土壤养分难以被植物吸收利用，则植物就会营养不良。养分不足会使植物出现各种各样的问题，如植株矮小、叶片发黄、新梢细弱无力、无法开花结果、生长缓慢甚至停止生长等，严重时最终导致植物死亡。

3. 养分供应过量对植物的影响

人们为了帮助植物获取养分常常采用施肥的措施，但是施肥并不是越多越好，过量施肥会对植物造成伤害。因为向土壤中加入过多的肥料会改变土壤的物理和化学性状，改变土壤结构和微生物群落，从而影响根系的吸收，使植物没有办法获取所需的养分。例如，过量施用氮肥常常会造成烧根、烧苗的情况，直接导致植物根系损伤、死亡，从而造成植物枯死。

五、施肥的概念和作用

1. 施肥的概念

施肥是指将肥料施于土壤中或植物体上的养护行为活动。

2. 施肥的作用

施肥可以提供植物生长所需的各种养分；可以改善土壤物理和化学性质，保持和提升土壤肥力；可以促进土壤中微生物群落的改善和平衡，改善植物根际群落结构，使土壤各方面性能趋向利于植物生长。

六、施肥要点

1. 对土壤施肥的要点

（1）因地制宜。了解土壤本底质量，分析土壤理化性质，查找存在问题，选取合适肥料进行施肥。如沙土施肥宜"少量多次"；黏土则重基肥轻追肥；壤土宜基肥追肥并重；碱土不能施用骨粉、磷矿粉等难溶性磷肥，应施用水溶性磷肥；盐碱土宜用硫铵、硫酸钾，不宜用氯化铵、氯化钾。

（2）平衡养分。施肥可以调节土壤有效养分含量和各养分间比例，使土壤养分达到平衡，满足植物生长需求。

（3）科学合理。选取肥料种类和施用量都应科学合理，避免破坏土壤结构，引起土壤酸化或盐碱化，甚至污染土壤。

2. 对植物施肥的要点

（1）因树制宜。根据植物种类、大小、生长阶段等特点施肥，满足植物生长需求。总的来讲是"三多二少二不"，即黄瘦植株（非根系腐烂引起）、孕蕾期、花后要多施肥，健壮植株、发芽时要少施肥，徒长植物、休眠期则不施肥。开花期要适量施肥，观果类树木在开花期应控制施肥，壮果期要充足施肥，香气浓的树木进入开花期应补充磷、钾肥。

（2）以基肥为主，追肥为辅。基肥施用缓效有机肥。大量需肥阶段需要进行追肥，满足植物短时大量需求。

七、施肥方法（见表3-15）

表3-15　施肥方法

方法	说明
撒施法	将肥料均匀洒在土壤表面，施肥后需进行灌溉或结合降雨施肥
穴施法	在植株周围挖穴后施入肥料并覆土，注意防止烧根
沟施法	在成行栽植的植物旁挖沟，将肥料施入沟中并覆土
根灌法	将完成配制的肥料溶液通过浇灌或滴灌滴注到植物根区土壤中
注射法	将完成配制的肥料溶液装入预制包装容器中，通过针管注入植物主干，多用于大树或新栽植树木
叶面喷施法	将完成配制的肥料溶液喷洒到植物的茎叶上

八、肥料类型和特点

1. 无机肥

无机肥是指由无机物质组成的肥料，主要以矿物质、人工化学合成物质或动植物燃烧后的物质等为原料制成，因其大多数属于无机化合物，又常被称为化肥。常用无机肥有氮肥、磷肥、复合肥、微量元素肥等。无机肥的特点是养分含量高、肥效快、体积小、便于运输，但养分比较单一，长期使用易引起土壤板结、土壤理化性状变差等问题。

2. 有机肥

有机肥是指由动物粪便、动物残体、植物材料发酵腐熟而成的肥料，富含有机质和各种营养元素。常用有机肥有动物粪便发酵肥、植物粉碎物发酵肥、海藻肥等。有机肥的特点是有机质含量高、肥效释放缓慢，有助于改善土壤物理性状、协调土壤水气比例、促进土壤团粒结构形成。不宜使用未发酵或发酵不完全的有机肥。

3. 有机-无机复混肥

有机-无机复混肥是一种既含有机质又含无机营养元素的复混肥，是通过微生物发酵对粪便、草炭等有机物料进行无害化和有效化处理，并添加适量无机营养元素、腐殖酸、氨基酸等，经过造粒或直接掺混而制得的肥料。它是介于有机肥和无机肥之间的一种新型肥料，养分供应平衡，肥料利用率高，能改善土壤环境，活化土壤养分，具有一定的生理调节作用。

4. 微生物肥

微生物肥是指由一种或几种有益微生物经过培养发酵而成的生物性肥料。其特点是具有生命力，可通过微生物生命活动帮助植物增加营养元素供应，增强土壤肥力，提高肥料利用率。

学习单元4　园林植物整形修剪基础

一、修剪的作用和理论依据

1. 整形与修剪的概念

（1）整形。整形就是指树木生长前期（幼树期）栽培者为构成所期望的特定树形而对树木进行的生长调节工作，即对树木的芽、枝、叶进行剥摘、疏删或短截，一般多在苗木出圃前进行。

（2）修剪。修剪是指树木成形后，对树木的某些器官（芽、枝、叶、花、果等）加以摘除、疏删、短截等措施，以达到维持和发展既定树形、调节生长、促进开花结果的目的，其也是在移植过程中提高存活率的措施之一。这是绿地观赏树木养护管理工作中的专项技术。

整形和修剪是互相依存、互相促进的，整形是目的，修剪是手段。整形是通过一定的修剪措施来完成的，而修剪是在整形的基础上根据某种树形的要求施行的技术措施。它们是提高园林绿化艺术水平不可缺少的专门技术。

2. 修剪的作用

修剪具有美化树形、调节树势、改善通风透光条件、减少有害生物发生、化解生长矛盾、增强树木抵抗自然灾害能力、促进开花结果、提高植物观赏价值和绿化应用价值、更新复壮衰老树等作用。

3. 修剪的理论依据

（1）顶端优势规律。植物主茎顶端生长快，侧芽生长慢或潜伏不生长，这种主茎顶端生长占优势，阻止侧芽萌发或抑制侧枝生长的现象称为顶端优势。

大多数植物都有顶端优势现象，表现形式、程度因种类而异。乔木等顶端优势强的植物，几乎不生分枝；多年生木本植物在顶端优势和芽的异质性共同作用下，树冠成层分布。顶端对侧芽的抑制程度随侧芽与顶端的距离增加而减弱。影响顶端优势强弱的因素包括植物年龄、营养、环境条件等。幼龄植物顶端优势强、老龄时减弱；光强过低、土壤通气不良或水分亏缺时，顶端优势增强；氮素供应充足时，植物顶端优势减弱。

可利用顶端优势规律控制调节植物生长、植物形态，如通过"摘心""打顶"，去除顶芽、促保侧芽，使植物多分枝、多开花，扩大植物冠幅。

（2）营养物质分配规律

1）优先向生长中心运输。生长中心是指正在生长的主要部位、器官，其随生长发育过程而发生变化。营养生长期，根、茎、叶是生长中心；生殖生长期，生殖器官是生长中心。有时会存在多个生长中心，发生养分竞争。

摘心、整枝、修剪等都是为了调整光合强度、营养物质分配，进而达到促进有机物积累、提高开花及坐果率等目的。

2）就近供应。植物体内营养物质分配随运输距离加大而减少，有"就近供应"的特点。合理配置营养枝，对调节营养、均衡树势、形成器官有重要意义。

3）同侧运输。植物体内营养物质纵向运输以同侧运输为主，正常状态下，茎上同一侧的枝叶制造的同化产物往往只向同侧的花序和根系分配。在生产管理中，可以通过设计营养物质在不同方向枝条的分布与搭配，保证树势平衡。

二、修剪的基本原则

1. 根据植物的用途进行修剪

根据所需的观赏效果和用途进行整形修剪。例如，行道树修剪必须适应道路交通特点，孤植树修剪要充分展现植物自然形态美。

2. 根据植物的生物学特性进行修剪

根据植物自身生物学特性进行修剪，顺应植物生长发育规律。例如，不同树龄的修剪原则不同，幼树修剪以促进营养生长、促进开花为主，成年植物以解决生长与开花结果的矛盾、防止衰老为主，老弱植物以更新复壮、恢复生长势为主。

3. 根据植物生长环境条件进行修剪

根据植物立地条件和配置环境进行修剪，帮助植物适应生长环境条件，保持良好长势。例如，生长在土壤瘠薄处、地下水位较高处、风口处、多风地区、园林景点假山处的植物，应降低主干，采用矮冠形式；植物生长空间开阔，可使分枝张开，扩大树冠；植物种植密度较高、空间较小，则应收缩分枝，控制或缩小树冠。

4. 根据植物自然姿态和生长势进行修剪

根据植物自然形态、与环境条件协调情况、均衡生长势等要求进行修剪，千树千貌，因势随形，保持植物自然美。强枝强剪、弱枝弱剪，抑强扶弱，平衡主侧枝，均衡生长势，使植物保持健康、延长寿命。

三、修剪的主要技法

1. 修剪方法（见表3-16）

表3-16 修剪方法

修剪方法	说明
长放	修剪时保留一部分枝条，根据枝条生长势或生长方向、树势调节需求、枝条培养需求进行保留
疏剪	将一个枝条从分枝基部剪除，即去除整个枝条
短截	在枝条一个芽的上方将该枝条剪短，即去除枝条的一部分
回缩与更新	以弱换强，留弱"剪口枝"称为回缩；以强换弱，留强"剪口枝"称为更新
摘心	在植物生长阶段摘去新梢一部分顶端，应在枝条未木质化前进行
剥芽	在植物萌芽生长的初期，徒手剥去多余的芽
去蘖	除去主干或根部萌发出的枝条

2. 修剪时节

（1）休眠期修剪。在冬季植物停止生长后至重新萌动前进行修剪，一般在12月至翌年3月进行。

（2）生长期修剪。以春、秋两季为主，通常春季修剪比较重要。

3. 修剪形式（见表3-17）

表3-17 修剪形式

修剪形式	修剪要点和适合植物	形状
自然式修剪	在植物自然形状上稍加调整和干预，去除病弱枝、枯枝、过密枝，使树木生长良好，发育健壮，树冠饱满，展现出植物自然美。主要适合庭荫树、园景树及部分行道树	扁圆形（如槐树、桃树），长圆形（如玉兰、海棠），圆球形（如黄刺玫、榆叶梅），卵圆形（如苹果树、紫叶李），伞形（如合欢、垂枝桃），不规则形（如连翘、迎春）等
造型式修剪	出于造景需求将树木修剪成规则形体或非规则形体，展现人类赋予植物的造型美。对植物生长抑制强度较大，所选植物萌芽力和成枝力均较强，绿篱、绿雕、盆景等均采用造型修剪	几何形体式整形修剪（如球形、方形、多边形、圆锥形、圆柱形、梯形等），非规则式整形修剪（如鸟形、兽形、垣壁式、雕塑式等）
混合式修剪	根据植物生物学特性和生态条件要求，将植物修剪成与周围环境协调的树形，是公园绿地中常用的修剪形式。混合式修剪对自然树形干预较大，对树木生长发育有一定控制，还要结合水肥管理。一般适用于观花、观果、观枝类植物，可使植物姿态优美、花朵大而繁密、果实多而鲜艳、枝色鲜亮	无中干形、自然杯状式、自然开心形、多主干形、多主枝形、丛球形、棚架式、分层形、疏散分层形、多枝闭心形等

学习单元5 园林植物保护基础

园林植物保护广义上来说就是采取有效措施对植物进行防护，使其免受各种外界伤害，包括防治有害生物、防治自然灾害、防止人为损害等内容。而狭义上的植物保护通常指的是有害生物防治。

植物有害生物是指所有可以对植物造成损害的植物、动物、微生物等各种生物，包括了病原物、昆虫、寄生性植物、杂草，以及螨类、多足类、软体类动物等。园林植物保护工作的一项重要内容就是开展有害生物防控工作。

一、病害的概念、类型和危害性

1. 植物病害的概念

植物受到病原生物或不良环境条件的持续影响，正常的生长发育受到干扰，当干扰强度超过了植物能够忍耐的程度，正常的生理功能受到严重的影响和破坏，植物在生理上和外观上就会表现出异常状态，通常将植物这种异常的状态称为植物病害。

2. 植物病害的类型

植物病害类型的划分方式很多，根据不同划分方式可以分成各种类型。

（1）依据病原物的参与与否，可将植物病害分为非侵染性病害和侵染性病害。侵染性病害又称传染性病害，是由于病原物的侵染引起的。病原物包括病毒、细菌、真菌、线虫、寄生性种子植物等。非侵染性病害也称生理性病害，一般是由寒冻、日灼、干旱、缺肥、环境污染等非生物因素引起的。

（2）依据病害的传播途径可将病害分为种传病害、土传病害（如纹枯病或白绢病等）、气传病害（如白粉病或锈病等）等。

（3）依据病害的危害部位可将病害分为叶部病害、茎干部病害、根部病害等。

3. 植物病害的危害性

病害发生严重会造成病害流行甚至形成灾害，引起植物死亡，干扰绿地生态系统，并带来巨大的经济损失。同时，植物病害的发生会造成植物局部坏死或畸形，导致观赏性降低，对整体园林景观产生直接影响。

二、害虫的概念、类型和危害性

1. 害虫的概念

根据昆虫对人类经济利益的影响，自然界的昆虫常被划分为害虫和益虫两大类。其中，有的是危害植物的昆虫，如蝗虫、蚜虫等，有的是寄生在人、畜体上的昆虫，如臭虫、牛虻等，它们分别被称为农林害虫和卫生害虫，统称为害虫。另有一些昆虫以害虫为取食对象，如瓢虫、螳螂等，还有一些昆虫能为人类提供工业、医药或食用原料，如蜜蜂、家蚕等，这些昆虫分别被称为天敌昆虫和资源昆虫，统称为益虫。

2. 害虫的类型和危害性

根据害虫取食特点和在寄主植物上的危害部位的不同，常将害虫分为食叶性害虫、刺吸性害虫、钻蛀性害虫和食根性害虫。

（1）食叶性害虫主要取食植物的叶片、花、嫩芽、小枝条等。这些害虫有的可以取食整个叶片，有的取食叶脉之间的叶肉组织或将树叶吃出一个个洞，植物叶片被大量取食后会影响其生长。常见的食叶性害虫以鳞翅目昆虫为主，如刺蛾、螟蛾、夜蛾、舟蛾等。

（2）刺吸性害虫是一类通过刺吸式口器刺吸植物的叶、花、果实等部位汁液的害虫，危害后可引起植物叶片褪色、畸形、枯萎等现象。刺吸性害虫个体通常较小，但数量巨大。常见的刺吸性害虫有蚜虫、蚧壳虫、木虱、粉虱、蓟马、叶螨等。

（3）钻蛀性害虫是一类通过树皮下虫道进入木质部危害的、具有咀嚼式口器的害虫。这些害虫主要对树木枝条和主干造成危害，其特点是隐蔽性强，常常是当植物受害严重甚至枯萎死亡时人们才发现害虫。通过观察寄主受害部位的特征可以帮助人们判断害虫蛀道位置及为害路径，很多钻蛀性害虫为害时，在蛀孔附近或树体外部会出现木屑等排泄物。钻蛀性害虫咬食树木的韧皮部和木质部，破坏植物从根部到顶部的水分和营养传输。常见的钻蛀性害虫有天牛类、象甲类、木蠹蛾类、小蠹虫类害虫等。

（4）食根性害虫是一类在植物根际周围活动并以取食植物根部为主的害虫。这类害虫取食植物的根或在植物根际周围活动时，导致根部缺失或与根际土壤脱离，使植物不能正常吸收土壤中的养分，造成植物枯萎甚至死亡。常见的食根性害虫有蛴螬（金龟子幼虫的总称）、小地老虎、蝼蛄等。

三、杂草及其他有害生物的概念和危害性

1. 杂草的概念

生长在人工种植的土地上，除目的栽培植物以外的所有植物都被称为杂草。杂草的概念是相对而言的，因为其本身就是一种植物，只是因为人们对园林景观的观赏性具有纯度要求，这些植物长在了不该生长的地方就成了杂草。例如，白花三叶草本身也是一种园林观赏草，但是当它长在了高羊茅草坪等其他观赏草坪内的时候，它就成了杂草。

2. 杂草的危害性

杂草在城市绿地内的大量滋生会影响园林景观的观赏性，侵占景观植物的生长空间，影响园林植物正常生长。同时，防除杂草需要投入大量的人力、物力，会提高养护管理成本，造成一定的经济损失。

3. 其他园林有害生物

其他园林有害生物主要包括螨类、多足类、软体类动物及寄生性植物等对园林植物有害的生物，其中动物类的有害生物常与害虫一起被称为广义上的虫害。

四、有害生物综合防治理念和主要防治方法

1. 有害生物综合防治的理念

有害生物综合防治应该从生态系统出发，根据相应环境和有害生物种群动态，在充分发挥自然控制因素作用的前提下，有效利用所有合适的技术和方法，把有害生物种群密度控制在合理阈值之下，使其对植物和环境产生的不良影响维持在人们可接受的损害水平之内，以获得最佳的经济效益、生态效益和社会效益。

2. 有害生物综合防治的主要方法

（1）园艺防治。园艺防治是指通过适宜的栽培措施来提高植物自身抗性，降低有害生物的数量，通过园艺措施创造有利于植物生长发育（不利于有害生物生长发育）的生态环境，从而直接或间接地消灭或抑制有害生物发生与为害的方法。

园艺防治的优点是可贯穿在整个园艺养护工作中，较小的投入就能达到防治目的，且与其他控制措施相配套，易于推广。局限性是控制效果慢，对暴发性、突发性病虫害的控制效果较差，具有较强的地域性和季节性，常受自然条件的限制。

（2）生态治理。在绿地生态系统中，植物、有害生物、天敌及其周围环境相互作用、相互制约，通过物质、能量、信息和价值的流动构成一个有序的整体。进行有害生物治理时可以从整体出发，充分发挥系统内一切可以利用的能量，对生态系统进行正向干预，通过合理的调节和控制，使植物、有害生物、天敌这个食物链形成良性循环，从而实现有害生物的生态调控，以达到有害生物可持续管理的目标。

（3）物理防治。物理防治是从有害生物生理学或生态学角度出发，利用光、热、颜色、温度、声波、放射线等防治有害生物。物理防治常见的措施包括人工捕杀、灯光诱杀、阻隔分离等，以及其他各种新技术，如利用微波杀死有害生物等方法。

（4）生物防治。生物防治是指利用生物或生物代谢物来控制害虫。生物防治是从生物学、生态学等角度研究各类天敌的特性及其对害虫的控制功能，利用天敌和有害生物间互相作用的内在规律，发挥各类天敌的控害能力。生物防治措施包括以鸟治虫、以虫治虫、以螨治虫、以微生物治虫、以微生物的代谢物治虫、以抗虫转基因植物治虫等。生物防治因具有环境安全风险较小、防治作用较持久、易于与其他植物保护措施相协调、节约能源等优点，一直被公认为是有害生物综合治理中一类对环境友好的、可持续发展的方法。生物防治在减少环境污染、保护生物多样性与生态安全、维护公众健康等方面均发挥着其他防治方法不可替代的关键作用。

（5）化学防治。化学防治是指使用化学药剂（俗称农药）防治病、虫、杂草等有害生物。其优点是速效、经济、操作简便易行，对突发性、暴发性病虫害控制有较好

的效果。缺点是对环境和人体具有一定风险,害虫容易产生抗药性而导致害虫再猖獗,以及农药在环境中的残留导致污染等问题。进行科学合理的化学防治应用可以提高化学药剂的生命力,使其更好地发挥控制有害生物的作用。

五、药剂类型、作用原理及优缺点

1. 药剂类型及作用原理

药剂常用的分类方法是根据防治对象和作用原理进行分类,药剂类型见表 3-18。

表 3-18 药剂类型

分类依据	类型	说明
根据防治对象分类	杀虫剂	对昆虫有直接毒杀作用,可控制害虫种群形成,或可减轻、消除害虫危害
	杀菌剂	能杀死、抑制病原菌或中和其有毒代谢物,因而可使植物及其产品免受病菌危害,或可消除病症
	除草剂	用来防除杂草
	杀螨剂	用于防治害螨
	杀线虫剂	用于防治植物病原线虫
	杀鼠剂	用于毒杀害鼠
	植物生长调节剂	仿照植物激素的化学结构人工合成的具有植物激素活性的物质,能够通过使用微量的该类物质对植物体生长发育产生明显调控作用
根据药剂作用原理分类	胃毒型杀虫剂	只有被昆虫取食后经肠道吸收进体内,到达靶标才起毒杀作用
	触杀型杀虫剂	接触到虫体(常指昆虫表皮)后便起毒杀作用
	内吸型杀虫剂	使用后可以被植物体(包括根、茎、叶、种子、苗等)吸收,并可传导运输到其他部位组织,使害虫吸收或接触后中毒死亡
	熏蒸型杀虫剂	以气体状态通过昆虫呼吸器官进入体内而引起昆虫中毒
	治疗型杀菌剂	在植物感病后使用的内吸型药剂,药液通过植物体液运输传导到发病部位而对植物起治疗作用
	保护型杀菌剂	在植物感病前或感病初期使用,保护植物不受病原菌侵染危害
	选择型除草剂	在一定环境条件下与用量范围内,能够有效地防治杂草,且不伤害作物,可以防治某一种或某一类杂草
	灭生型除草剂	无选择性或选择性很小的一类除草剂,对作物同样具有杀灭作用,通常用在硬地、荒地等不区分作物和杂草的区域

2. 不同药剂剂型的优缺点

工厂生产的农药原药不能直接使用,需要把农药原药加工成具有一定形态的制剂,制剂的形态称为剂型。加工为不同剂型后可以获得理想的分散和防治效果,常用的农药剂型优缺点见表3-19。

表3-19 常用的农药剂型优缺点

剂型	形态	优点	缺点
乳油（EC）	能够在水中分散成为不透明乳液的均相透明液体,一般呈白色或天蓝色	稳定性好,对昆虫和植物表面蜡质层可溶解、黏附,残效期较长,耐雨水冲刷	运输、储存不安全,怕高温、怕火源,对植物、动物、人体的毒性风险大,存在腐蚀性,可能损坏塑料或橡胶软管、垫圈、泵等,容易造成环境污染和浪费
可湿性粉剂（WP）	易被水湿润并能在水中分散悬浮的粉状剂	性能优于粉剂,黏附性好,便于储存、运输和处理,价格相对便宜,毒性风险比乳油等相对低,相对安全	容易引起产品黏结,不易在水中分解,易造成喷洒不均,使植物局部产生药害。悬浮率和药液湿润性在经过长期存放和堆压后均会下降,在倒取或混配时容易喷出并被施药者吸入,对喷雾器的喷管和喷头磨损大
水分散粒剂（WG）	置于水中能较快地崩解、分散,形成高悬浮的固液分散体系的粒状剂	优于可湿性粉剂,易于包装和运输,对环境污染小	加工过程复杂,加工成本较高
悬浮剂（SC）	固体的原药分散在水中后形成的悬浊状制剂	颗粒小,性能上优于可湿性粉剂。残效期和耐雨水冲刷性优于乳油,对环境较安全,适合在食用植物、卫生防疫方面使用	加工过程较为复杂,相对其他液剂颗粒较大,容易沉降分层析水
颗粒剂（GR）	在固体的载体中分散后形成一定颗粒大小的固体剂型,分为细粒剂、颗粒剂和大粒剂	使用安全、方便,可使高毒农药低毒化,可延长持效期,可使液态药剂固态化,包装、储存和使用方便,环境污染小,对有益昆虫、人类和环境安全,使用方便,工效高	适用范围有限

续表

剂型	形态	优点	缺点
微囊剂（CS、CG）	农药的颗粒或液滴被一层囊皮材料包裹而形成的具有缓释性能的微小胶囊	毒性低，持效期长，大幅降低农药气味和刺激性，受外界气、湿、光等环境影响小，稳定性高	悬浮稳定性较差，较容易分层，加工成本高
烟剂（FU）	引燃后有效成分以烟状分散体系悬浮于空气中，药剂以颗粒的形态弥散	颗粒极细，穿透力极强，工效高，无须任何器械和水，操作简便，毒性低，无残留，对人无刺激，无异味，易于点燃但不易自燃，成烟率高	适用范围较窄，对使用环境有要求，主要应用于密林、果园、仓库、室内、温室、大棚等

六、常用的打药机械设备

1. 打药机械的主要类型及特点

（1）喷雾设备。喷雾设备是利用喷雾机具将液态农药或其稀释液雾化并分散到空气中，形成液气分散体系的施药方法，是目前病、虫、草害防治过程中使用频率最高的打药机械。常用的喷雾设备包括手动喷雾器、担架式喷雾机、风送式弥雾机等。

供喷雾设备使用的农药剂型中，除超低容量喷雾剂不需加水稀释可直接喷洒外，其他剂型如乳油、可湿性粉剂、悬浮剂、水剂、水分散粒剂等，均需要加水调配成稀释液后才能供喷洒使用。喷雾设备适用于作物茎叶处理、土壤表面处理等，施药工作效率高，但有一定的漂移污染。

（2）喷粉设备。喷粉设备是利用鼓风机所产生的气流把农药粉剂吹散后沉积到作物上的喷药设备。常用的喷粉设备为风送式喷雾喷粉机。

喷粉设备具有操作简单、工效高、粉粒在作物上分布比较均匀、不需要用水的特点，在干旱和缺水地区具有较大的应用价值。但是，因飘散的粉剂容易污染环境，喷粉设备的使用范围日益受到限制，目前主要在温室大棚、封闭度高的森林等场所使用，大面积的飞机喷粉也是常用的方法。

2. 打药机械的安全使用

（1）规范操作。作业前应做好操作培训，操作人员应熟练掌握打药机械的操作流程及简单的维修保养方法。打药机械启动前应做好安全检查，确保打药机械安全使用。打药机械启动过程中应注意操作人员自身安全及周围人群安全。严禁长时间无水运行打药机械，严禁汽油机无传动带罩运行，以免伤人。

（2）作业安全。喷药作业过程中严禁喷枪对人喷射，确保儿童远离打药机械。发生喷头堵塞的情况时应使用工具清理堵塞的喷头，不要用嘴吹。严禁在工作中吃食物、喝水等，以免中毒。

（3）维护保养。打药机械应根据维护要求定期保养，定期检查磨损件的老化情况，发现故障及跑冒滴漏应及时维修。打药机械在冬天或在7天以上不工作时，应保养后存放。使用完毕后应及时将药桶及泵清理干净，每次喷洒农药后，应放些清水重新启动动力和柱塞泵，将柱塞泵及各管道、喷枪等清洗干净。

七、植物检疫知识

1. 植物检疫的概念

植物检疫是通过法律、行政和技术的手段，防止危险性植物病、虫、杂草和其他有害生物的人为传播，保障农林业生产的安全，促进贸易发展的措施。它是人类同自然长期斗争的产物，也是当今世界各国普遍实行的一项制度。

2. 植物检疫的重要性

一般情况下，一个地域的生态环境系统是稳定的，不易出现大规模的有害生物危害。但是，现代社会随着交通和物流的高速发展，物品的流通急剧频繁，特别是随着城市建设快速发展，植物在全世界各地域之间流通，这一方面导致运输植物的过程中携带有害生物进行传播，另一方面使各地涌入大量外来物种，对当地生态环境产生重大影响，常常引发外来入侵物种的暴发性危害。因此，植物检疫问题已成为当今世界的首要问题。植物检疫作为预防性植物保护措施已被世界各国政府重视和采用，并将植物检疫作为农产品贸易中不可缺少的必要手段。

3. 植物检疫的特点

植物检疫不同于一般的植物保护措施，其具有自己固有的特点，即"法规与技术相结合""国际与国内相结合""预防与铲除并举"。植物检疫以先进的科学技术为后盾，以法规为手段，采取强制性的检疫措施。植物检疫坚持预防为主，将防御与铲除相结合，立足国内，放眼于世界。

4. 外来入侵物种

一个区域的生态系统经过长期进化一般会保持相对的稳定和平衡，自然界的物种迁移和扩散一般是比较缓慢和温和的。但是人类社会的快速发展和频繁的人类活动加剧了物种的扩散，使许多物种突破地理隔绝到达其他环境，这些物种可以统称为外来物种。外来物种有些是人类无意中传播的。还有一些是人为迁移，用于各种用途的，这些物种在人为管理的情况下一般对环境没有危害。然而，有些外来物种在迁移后因各种原因散逸到当地环境中处于野生状态，并因为当地环境中没有其相应的天敌，加上其自身强大的繁殖力和竞争力，从而侵占了本地物种的生存空间，破坏了当地的生态平衡，甚至对人类经济和健康产生危害，这些物种就被称为外来入侵物种。

对于外来入侵物种，人们应当保持科学对待的态度，正确认识其存在、发展和危害性，并采取科学、合理、有效的方法进行管理。

八、园林有害生物调查和预测预报基础知识

园林有害生物调查是植物保护的重要基础工作，通过调查可以了解区域内有害生物的种类、分布、危害、发生发展规律，对开展预测预报有重要的意义。园林绿化工作人员需要掌握调查的一般方法，熟悉调查资料的整理、计算、分析等，调查前应明确调查的目的、任务、对象及要求，拟订调查计划，确定调查方法，所获调查资料数据应真实且能够反映客观规律。

1. 园林有害生物调查的主要方法

调查方法因有害生物的种类和调查目的不同而异，可分为一般调查（普查）和重点调查。

（1）一般调查（普查）是对目标地区植物病虫害种类、分布、发生程度的基本情况进行普遍调查。

（2）重点调查是针对一般调查中发现的主要或重要病虫害进行深入调查，针对重点调查对象，深入了解它的分布范围、发生规律、危害率、经济损失、环境影响、防治效果等信息，重点调查次数要多一些，发生率的计算也要求比较精确。

调查前应根据调查对象的特点确定合适的取样方法。取样方法影响着结果的准确性，要可靠又可行，常用的方法有随机取样法、Z形取样法、平行取样法、对角线法等。样本可以整株、枝条、叶片、面积等作为计算单位，样本单位的选取应该做到简单而能正确地反映有害生物发生情况。调查取样的适当时期一般是病虫害发生期。取样数量要依据病虫害的性质、环境条件、统计分析数据需求等来确定，取样不一定要太多，但一定要有代表性。

2. 预测预报的概念、意义、类别

植物病虫害预测是在认识其发生发展规律的基础上，利用已知规律展望未来的思维活动。预测预报是为了满足减轻病虫危害，降低损失的需要；也是为了满足提高植保技术水平，实现病虫害可持续控制的需要。开展预测预报工作的首要前提是社会需要，其价值首先是满足用户进行防治决策的需要。从预测服务与决策的角度考虑，发

生时间、病虫害发生频率、发生程度、发生范围的变化越大，其预测的意义也越大，应优先列入预测对象的名单，同时也要考虑其危害程度、防治措施的有效性和经济效益。

预测的主要类别如下：

（1）发生期预测。预测病虫害的发生和危害时间，以便确定防治时期。在发生期预测中常将病虫害出现的时间分为始见期、始盛期、高峰期、盛末期和终见期。

（2）发生量预测。预测害虫在某一时期内单位面积的发生数量，以便根据防治指标决定是否需要防治，以及需要防治的范围和面积。

（3）分布蔓延预测。预测病虫害可能的分布区域及发生的面积，对迁飞性害虫和流行性病害还包括预测其蔓延扩散的方向和范围。

（4）危害程度预测。在发生期预测和发生量预测的基础上，结合植物的品种、分布、生长发育特性，以及感病感虫品种的种植比重、易受病虫危害的生育期与病虫害盛发期的吻合程度，同时结合气象资料分析，预测其发生的轻重程度及危害程度。病虫害发生的轻重程度可分为小发生（轻度发生）、中等偏轻发生、中等发生、中等偏重发生、大发生 5 级。

预测预报根据时间的长度还可以分为：短期预报，即离防治适期 10 天以内的预报；中期预报，即离防治适期 10～30 天的预报；长期预报，即离防治适期 30 天至 1 年的预报；超长期预报，即跨年度的预报。

九、标本采集和制作基础知识

1. 病害标本的采集和制作

园林植物病害标本是病害症状的最好描述，如果采集和整理得当，对病害的鉴定、病原的研究等都会起很大的作用。因此，在采集病害标本前，应明确采集目的，准备好相应的采集和制作用具。采集和制作用具主要包括标本夹、标本纸、采集箱、修枝剪、高枝剪、小刀、小锯、放大镜、纸袋、塑料袋、标签、镊子、记录本等。

园林植物病害标本主要包括有病的根、茎、叶、果实或全株。好的病害标本必须具有寄主各受害部位在不同时期的典型症状。真菌病害的病原具有有性和无性两个阶段，应在不同时期分别采集，许多真菌的子实体在枯死的枝叶上出现，因此要在枯枝落叶上采集。叶部病害标本采集后应立即放入有吸水纸的标本夹内；柔软多汁的果实或子实体标本应采集新发病的幼果，并用纸包好放入标本采集箱，避免孢子混杂影响鉴定；萎蔫的植株标本要连根挖出，有时还要连根际的土壤一同采集；粗大的树枝和植株标本可用刀或锯取其一部分带回；寄生性种子植物病害标本应该连同寄主的枝叶和果实一起采集,以助于鉴定病原和寄主。采集过程中要有记载,应该当场记录并编号挂标签,没有记载的标本就失去了它的意义。记载内容应包括寄主名称、采集日期与地点、采集者姓名、生态条件和土壤条件。

2. 害虫标本的采集和制作

开展害虫标本的采集和制作,学会初步的分类鉴定方法,可以帮助园林绿化工了解当地园林植物主要虫害发生的种类,为害虫的综合治理奠定科学基础。害虫标本采集前需要准备的工具和材料包括捕虫网、毒瓶、吸虫管、诱虫灯、指形管、采集箱、采集袋、活虫采集盒、三角纸袋、福尔马林、酒精、蒸馏水等。

(1)害虫标本采集的常用方法(见表3-20)。

表3-20 害虫标本采集的常用方法

方法	说明
网捕法	用来捕捉能飞善跳的昆虫。对于能飞的昆虫,用空网或扫网迎头捕捉或从旁边掠取,并立即摆动网柄,将网袋下部连虫一并甩到网框上。如果捕到大型蛾蝶,可从网外用手捏压昆虫胸部,使其失去活动能力,然后放入毒瓶或直接包在三角纸袋中;如果捕到的是中小型昆虫,可抖动网袋,使昆虫集中于网底部,再放入广口毒瓶中,待虫毒死后再取出分类保存
震落法	摇动或敲打植物、树枝等,待昆虫假死坠地或吐丝下垂后再捕捉,或令昆虫受惊起飞,暴露目标后进行网捕
诱集法	利用昆虫的趋性、栖息场所等习性来诱集昆虫,如灯光诱集、食物诱集、色板诱集、潜所诱集、性诱剂诱集等

(2)害虫标本制作方法。昆虫标本的制作方法主要有针插法和液浸法,常用的为针插法。

针插法指的是用标本针将经过处理的昆虫虫体固定在底板上,并将其姿态调整为自然姿态,用标签记录名称、捕捉时间和地点等信息,装入标本盒进行保存。

液浸法指的是将昆虫虫体放置在配制好的溶液内浸泡保存的方法。

十、园林有害生物危害性评价

城市绿化植物保护工作应贯彻"预防为主,科学防控,依法治理,促进健康"的方针,遵循有害生物综合治理原则,将有害生物的危害控制在可接受的经济损失水平之下。开展园林有害生物危害性评价可以为制定科学防控对策提供依据,评价项目包括发生情况、危害情况、寄主情况、管理难度等。

发生情况评价一般可通过分布情况、发生面积、发生程度等指标进行统计,并通过计算得到相应危害指数。

危害情况一般可通过潜在危害、损失程度、非经济影响等指标进行统计，并通过综合分析估算得出相应危害情况。

寄主情况一般可通过寄主种类、寄主面积、寄主价值等指标进行统计，并由评估组成员根据资料、数据和有关专家意见完成综合评价。

管理情况一般可通过识别难度、监测难度、防控难度等指标进行统计。

学习单元6　古树名木养护基础

一、古树名木定义

1. 古树

古树是指树龄在100年以上的树木。其中，树龄在500年以上的树木为一级古树，树龄在300～499年的树木为二级古树，树龄在100～299年的树木为三级古树。

2. 名木

名木是指珍贵、稀有的树木，以及具有重要历史、文化与科学价值或具有重要纪念意义的树木。名木不受树龄限制，但有些树木可能同时具备古树和名木的双重属性。

3. 古树后续资源

古树后续资源是指树龄在80～99年的树木。上海是率先提出古树后续资源概念并将其纳入法制化保护的城市。目前，武汉、广州、昆明、扬州、哈尔滨等城市也将古树后续资源纳入了古树保护范畴，进行统一管理。

二、古树名木养护和复壮

1. 养护和复壮的意义

古树名木是自然界的绿色瑰宝，因其记录着周边环境和植被分布的变化，承载着历史与文化变迁的回忆，寄托着人们对故乡的思念，又有"活的文物"的美誉。一株古树自身能发挥的生态效益是难以估量的。古树名木随着树龄增加和周边环境的变化，其衰弱死亡也是自然过程。绿化工作者可以运用科学合理的养护措施和精细化的管理技术延缓古树名木的衰老过程，增加古树名木寿命，甚至可以使仍在寿限之内但长势衰弱的古树名木重新恢复正常生长，还可以降低人为活动和自然灾害给古树名木带来的影响，使其生命得到延续，这就是古树名木养护和复壮的意义。

2. 一般养护内容

古树名木的养护是指保障古树名木生长发育所采取的保养、维护措施。古树名木的养护内容一般包括浇水、排水、松土、除草、土壤施肥、树冠整理、有害生物防治、灾害防范、保护设施清洁与维护、日常巡查等。日常巡查对于尽早发现古树名木异常作用巨大，因此也纳入古树名木的日常养护内容。

3. 一般复壮内容

古树名木的复壮是指对衰弱或濒危的古树名木采取的逐渐恢复树势的工程措施。复壮一般可采用土壤改良、树体损伤处理、根系复壮等技术，对于存在安全隐患的古树名木还应采取树洞修补、树体加固等复壮技术。古树名木复壮应在养护的基础上进行。

4. 古树名木养护和复壮技术规范

近年来，为加强我国古树名木资源的保护与管理，延长古树名木寿命，促进其养护和复壮技术的规范化、科学化，国家与各省市均制定了相应的古树名木养护和复壮技术规范。自 2017 年 4 月 1 日起施行的《城市古树名木养护和复壮工程技术规范》（GB/T 51168—2016）是指导各省市科学开展城市古树名木养护和复壮技术工作的国家标准。国家林业和草原局也相继发布过《古树名木复壮技术规程》（LY/T 2494—2015）和《古树名木管护技术规程》（LY/T 3073—2018）。部分省市也发布了古树名木养护和复壮技术规范的地方标准，如北京市《古树名木日常养护管理规范》（DB11/T 767—2010）和《古树名木保护复壮技术规程》（DB11/T 632—2009），上海市《古树名木和古树后续资源养护技术规程》（DB31/T 682—2013），福建省《古树名木养护技术与复壮技术规程》（DB35/T 1598—2016），江西省《古树名木养护复壮技术规范》（DB36/T 962—2017），四川省《古树名木养护和抢救复壮及管理技术规程》（DB51/T 2919—2022）等。

三、古树名木调查和保护

1. 古树名木调查

（1）定义。古树名木调查又称古树名木资源普查，除了实地调查外，还包括认定、建档、挂牌等一系列流程。古树名木调查是加强古树名木保护的十分重要的基础性工作，也是做好古树名木保护工作的重要环节。

（2）调查要求。全国性古树名木资源普查每 10 年进行一次，各地根据实际工作需要适时组织普查。参与古树名木调查的现场观测和调查技术人员中，应有熟悉树木分类、测树和相关仪器操作的林业专业技术人员。

（3）调查内容。根据《古树名木普查技术规范》（LY/T 2738—2016）规定，古树名木的普查内容（见图 3-31）包括古树名木资源数量、种类和分布的总体情况与动

古树编号		县（市、区）		调查顺序号	
树　种	中文名			俗名	
	拉丁名			科	属
位置	乡镇（街道）		村（居委会）		小地名
	生长场所：乡村　　　城区			分布特点：散生　　　群状	
	经度（WGS-84坐标系） 纬度（WGS-84坐标系）			权属:国有　　集体　　个人　　其他	
特征代码					
树龄	真实树龄：		年　估测树龄：		年
古树等级	一级　二级　三级		树高　　　　米		胸（地）围　　　厘米
冠幅	平均　　　　　米		东西　　　　　米		南北　　　　　米
立地条件	海拔	坡向	坡度　　度	坡位　　部	土壤类型
生长势	正常　衰弱　濒危　死亡			生长环境　好　中　差	
影响生长环境因素					
新增古树名木原因	树龄增长　　遗漏树木　　异地移植				
古树历史（限300字）					
管护单位（个人）			管护人		
树木奇特性状描述					
树种鉴定记载					
保护现状	避雷针　护栏　支撑　封堵树洞　砌树池　包树箍　树池透气铺装　其他				
养护复壮现状	复壮沟　渗井　通气管　幼树靠接　土壤改良　叶面施肥　其他				
照片及说明					

调查人：　　　　日期：　　　　审核人：　　　　日期：

图 3-31　古树名木的普查内容

态，古树名木的树种、树龄、保护级别、生长地点、生长环境和生长状态，古树名木的生态、历史、文化、观赏和科学价值，古树名木保护与管理状况。

2. 古树名木保护原则

（1）保护好古树名木的生长环境。不要随意改变古树名木的原有生长环境，尤其是周边的水系和标高，突然或剧烈的环境变化会引起古树长势衰弱。

（2）禁止一切破坏古树名木的行为。任何单位和个人不得以任何理由、任何方式砍伐或擅自移植古树名木。影响古树名木正常生长的新建、改建、扩建工程，建设单位应当采取避让或保护措施。

（3）科学管护，因树施策。每株古树名木都是独特的个体，在制定古树名木养护计划时应当充分考虑其树种特点和区域气候特征。尤其在对衰弱、濒危古树名木实施复壮时，更应探究其生长状况和生长环境情况，对准症结制定"一树一策"的复壮方案。

学习单元 7　园林植物防护基础

一、植物逆境及伤害

植物在生长发育过程中，经常遭受高温伤害、低温伤害、风害、旱害、涝害等自然灾害威胁。掌握自然灾害规律，提早采取有效预防措施是保持植物健康生长，充分发挥其生态和社会效益的关键。防御、抗击自然灾害，应以"预防为主、综合防治"为方针，覆盖植物全生命周期，贯穿规划、设计、施工、养护、管理全过程。

1. 高温伤害

高温对植物伤害的类型可分两种：一是对组织和器官的直接伤害——日灼病；二是导致呼吸加速和水分平衡失调的间接伤害——代谢干扰。

（1）日灼病。日灼病是指夏秋季高温、干旱，蒸腾作用减弱，致使树体温度难以调节，枝干表皮或其他器官表面的局部温度过高，细胞生物膜受到伤害，蛋白质失活或变性，皮层组织或器官溃伤、干枯，严重时局部组织死亡、枝条表面被破坏并出现横裂，负载能力严重下降并出现表皮脱落、日灼部位干裂，甚至枝条枯死的现象。日灼病早期果实表面出现水烫状斑块，而后扩大裂果或干枯。

（2）代谢干扰。代谢干扰是指植物在达到临界高温以后，光合作用开始迅速降低，呼吸作用继续增加，消耗了本来可以用于生长的大量碳水化合物，使生长能力下降。高温引起蒸腾速率的提高,间接抑制了植物的生长,加重了对植物的伤害。干热风的袭击和干旱期的延长导致蒸腾失水过多,根系吸水量减少,造成叶片萎蔫、气孔关闭,光合速率进一步降低。当叶片或嫩梢干化到临界水平时,可能导致叶片或新梢枯死甚至全树死亡。

2. 低温伤害

(1)根据低温伤害发生的季节分类。无论是生长期还是休眠期,低温都可能对植物造成伤害,尤其是在季节性温度变化大的地区,这种伤害更普遍。在一年中,根据低温伤害发生的季节可分为冬害、春害和秋害。冬害是植物在冬季休眠中所受到的低温伤害;春害和秋害是植物在生长初期和末期,因寒潮突然入侵和夜间地面辐射冷却所受到的低温伤害。

(2)根据低温对植物的伤害分类。低温既可能伤害到植物的地上或地下组织与器官,又可能改变植物与土壤的正常关系,进而影响植物的生长。根据低温对植物伤害的机理,低温伤害可分为3种基本类型。低温伤害的基本类型见表3-21。

表3-21 低温伤害的基本类型

类型	说明
冻害	气温在0℃以下,植物组织内部结冰所引起的伤害,组织受到机械损伤,甚至死亡
冻旱(干化)	一种因土壤冻结而发生的生理干旱。常绿树由于叶片经冬生存,遭受冻旱的可能性较大,尤其是在冬季或春季晴朗时,常有短期明显回暖的天气,树木地上部蒸腾加速,土壤冻结,根系吸收的水分不能弥补蒸腾的水分而遭受冻旱危害
寒害(冷害)	0℃以上的低温对植物所造成的伤害。热带或亚热带植物多发生这种伤害

另外,由于气温急剧下降至0℃或以下,空气中的水汽在植物表面凝结成霜,也会使植株幼嫩组织或器官受到伤害。

3. 风害

风对植物的影响是多方面的,它能直接或者间接影响植物的生长发育。

强风会抑制植物的生长。一般来说,风速的加大会引起植物的叶面积减少、节间缩短、茎的总量减少,造成植物矮化。强风还能造成树冠畸形。在盛行一个方向强风的地带,植物易长成畸形。例如,乔木树干向背风方向弯曲,树冠也向背风方向倾斜,形成所谓的"旗形树"。这是因为树木向风面的芽由于受到风的袭击而遭到机械摧残或因水分过度蒸腾而死亡,而背风面的芽由于受风的伤害较小,成活较多,枝条生长较好。因此,向风面易不长枝条,或者长出来的枝条受风的压力而弯向背风面,这些都严重影响植物的生长。

风力强到台风级别，对植物的影响主要体现为物理伤害，如连根拔起、主干折断、枝条折断及枝叶大量吹落等。

4. 旱害

旱害主要是因为较长时间雨水不足及人工浇灌不及时而引起的植物水分亏缺，会影响植物健康生长，导致植物萎蔫甚至枯死。

干旱可分为大气干旱、土壤干旱和生理干旱。大气干旱的特点是大气温度高而相对湿度低（10%～20%），蒸腾大大加强，水分平衡遭到破坏。土壤干旱是指土壤中缺乏植物能吸收的水分，植物生长困难或完全停止，受害情况比大气干旱严重。生理干旱指由于土壤温度过低、土壤溶液中离子浓度过高（如盐碱土或施肥过多土）、土壤缺氧（如土壤板结或积水过多等）、土壤中存在毒性物质等因素的影响，根系正常的生理活动受到阻碍，无法吸水而使植物受旱的现象。

植物受到旱害后，细胞失去紧张度，叶片和幼茎下垂，这种现象称为萎蔫。萎蔫可分为两种类型：一种是暂时萎蔫，即夏季炎热的中午，蒸腾强烈，水分暂时供应不上，导致叶片与嫩茎萎蔫，到夜晚蒸腾减弱，根系又继续吸水，萎蔫消失，植物恢复挺立状态；另一种是永久萎蔫，即土壤已无可供植物利用的水分，引起植物整体缺水，根毛死亡，即使到夜晚也不会恢复。永久萎蔫会造成原生质严重脱水，如果持续过久，就会导致植物死亡。水分不足时，植物不同器官或不同组织间的水分会按各部分水势大小重新分配。例如，干旱时幼叶从老叶夺取水分，导致老叶枯萎死亡，光合面积下降；地上部从根系夺水，造成根毛死亡；幼叶从花蕾或果实中吸水，造成空壳秕粒和落花落果等现象。

5. **涝害**

土壤水分过多，氧气不足，会抑制树木根系呼吸，阻碍吸收机能，严重缺氧时根系进行无氧呼吸，容易积累酒精导致蛋白质凝固，引起根系死亡。一些地下水位较高，气候多雨的地区，较易引起排水不畅，必须及时采取相应措施进行排水，防止造成涝害。

涝害引起的危害主要是由于水涝导致缺氧引发次生胁迫对植物产生伤害。

（1）对植物形态和生长的伤害。水涝缺氧导致地上部与根系的生长均受到阻碍。受涝植株个体矮小，叶色变黄，根尖发黑，叶柄偏上生长。若种子淹水，则导致侧芽鞘伸长，叶片黄化，必须通氧气后根才出现。水涝缺氧还会使细胞线粒体数量减少，体积增大，如果缺氧时间过长，则导致线粒体失活。

（2）引起植物体内乙烯含量增加。研究证明，淹水条件下植物体内乙烯含量增加。如水涝时，美国梧桐乙烯含量提高10倍。高浓度的乙烯会引起植物叶片卷曲、偏上生长、脱落，茎膨大加粗，根系生长减慢，花瓣褪色等。

（3）影响植物代谢。涝害使植物的光合速率显著下降，其原因与CO_2的吸收受阻及同化产物运输受阻有关。水涝主要影响植物的呼吸，使有氧呼吸受抑制，无氧呼吸加强，能量合成减少，同时积累大量的无氧呼吸产物。测定结果表明，许多植物淹水时，其体内苹果酸脱氢酶含量降低，乙醇脱氢酶和乳酸脱氢酶含量升高。

（4）引起植物营养失调。遭受水涝的植物常发生营养失调，原因如下：一是受水涝伤害后，根系活力下降，同时无氧呼吸导致能量供应减少，阻碍根系对离子的主动呼吸；二是缺氧使厌氧细菌活跃，土壤酸度增加，降低其氧化还原势，土壤内形成有害的还原物质，使必需元素锰、铁、锌等易被还原流失，造成植株营养缺乏。

二、植物创面和树洞

植物表皮对植物来讲像皮肤一样起着保护皮下组织的作用，表皮遭到破坏后，易形成创面，如不及时处理促进愈合，植物将遭受病原真菌、细菌和其他寄生物侵袭，导致植物体溃烂、腐朽，形成树洞，不仅严重削弱机体活力，还会使植物早衰，甚至死亡。

1. 植物创面的形成及类型

植物创面形成主要是由修剪、其他机械损伤、自然灾害等造成，造成创伤后若没能及时修补会导致创面扩大，形成更严重的伤口。植物的伤口有两类：一类是皮部伤口，包括外皮和内皮；另一类是木质部伤口，包括边材、心材或者二者兼有。木质部伤口必然在皮部伤口之后形成。

2. 树洞的形成及类型

由于树体本身衰老、市政搬迁、修剪、病虫害、机械损伤等原因对树体造成损伤，当这些伤口未能及时加以保护，造成伤口愈合速度慢于腐烂速度，便形成了树洞。

根据树洞着生位置及程度，可将树洞分为五类。树洞的类型见表3-22。

表3-22 树洞的类型

类型	说明
朝天洞	洞口朝上或洞口与主干的夹角大于120°
通干洞（对穿洞）	有两个以上洞口，洞内木质部腐烂相通，只剩下韧皮部及少量木质部
侧洞	洞口面与地面基本垂直，多见于树木主干上
夹缝洞	洞口的位置处于主干或分枝的分叉点
落地洞	洞口靠近地面近根部

树洞若得不到及时修补,腐烂会越来越严重,导致树体骨架受损,坚固性和抗折性降低,对树的周边环境安全造成隐患。

学习单元 8　园林绿化养护机具、台账和档案管理

一、园林绿化养护机具种类和作用

1. 园林绿化养护工具种类和作用

园林绿化养护工具是指开展绿化养护工作时需要用到的各种器具,一般不带机械动力。

常用的园林绿化养护工具有园林剪刀(枝剪、绿篱大平剪、大力剪、高枝剪等)、园林锯(手锯、高枝锯)、锹、铲、锄头、镐、笆子、除草刀、手推车、三角梯等。其作用主要是辅助养护人员完成主要依赖人工作业的绿化养护工作。部分常用的园林绿化养护工具如图 3-32 所示。

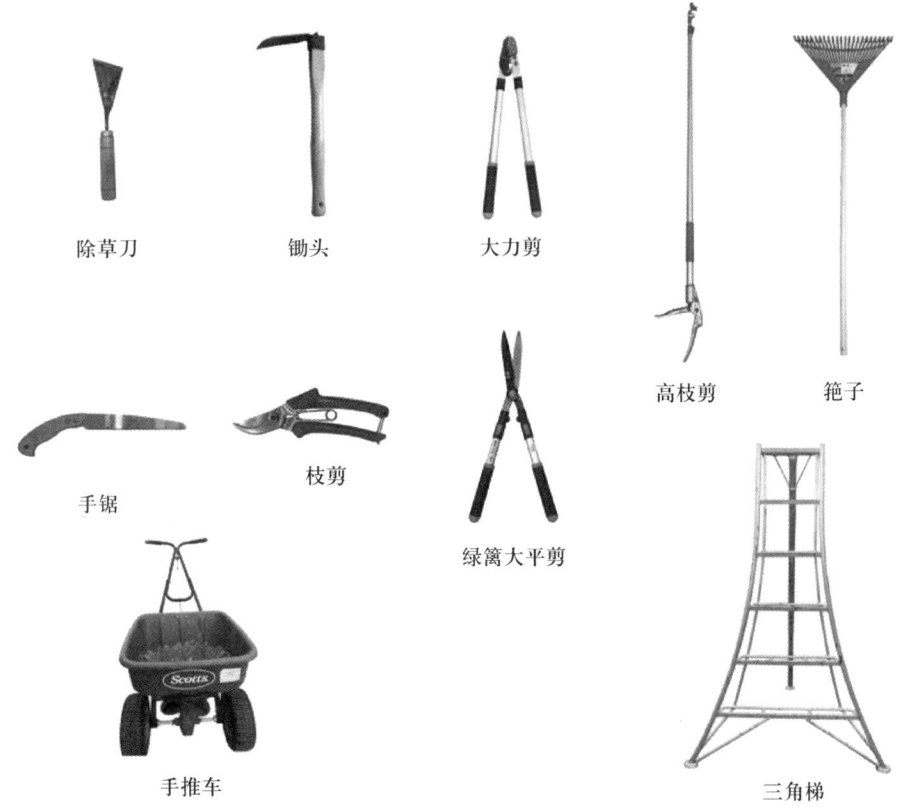

图 3-32　部分常用的园林绿化养护工具

2. 园林绿化养护机械种类和作用

园林绿化养护机械是指开展绿化养护工作时需要用到的各种机械设备，一般需要消耗能源产生动力来完成作业。

常用的园林绿化养护机械有风机、打药机、绿篱机、手推剪草机、割灌机、电锯、翻耕机、水泵、油锯等，如图 3-33 所示。其主要作用和特点是可以大幅提高劳动效率和工作质量，完成大面积、高难度的作业任务，但是也在一定程度上受到场地条件的制约。

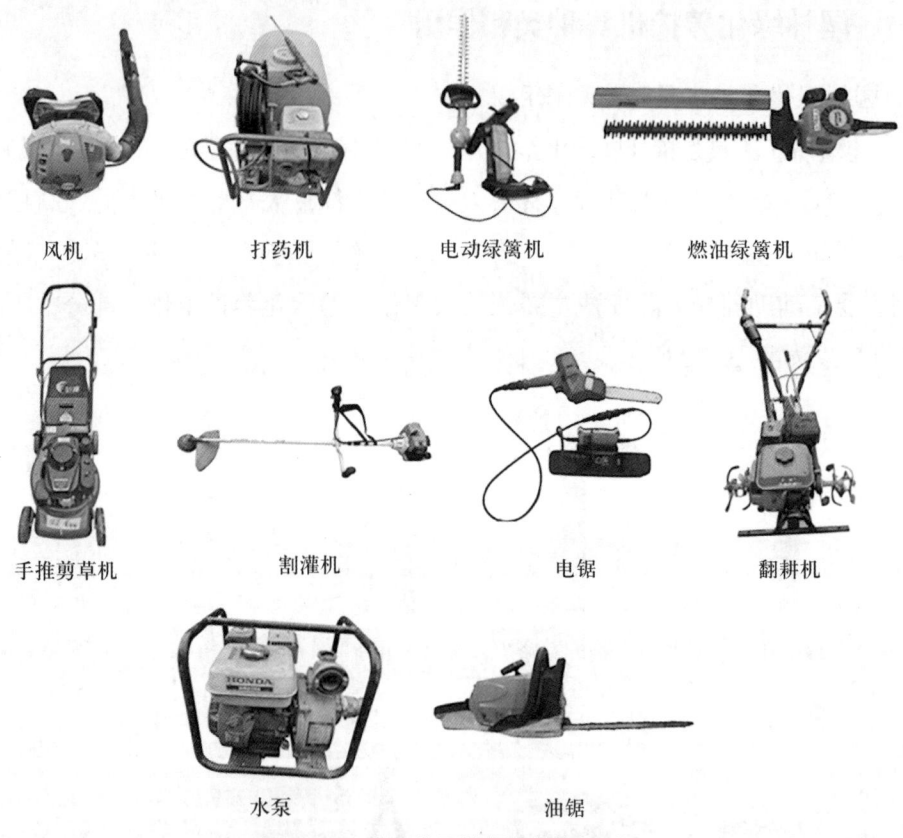

图 3-33 常用的园林绿化养护机械

二、园林绿化养护台账和档案的意义和价值

1. 园林绿化养护台账和档案的定义

（1）园林绿化养护台账。园林绿化养护台账是指记录绿化养护工作全过程的资料，记录应及时、真实、准确，无涂抹修改痕迹。

（2）园林绿化养护档案。园林绿化养护档案是指在养护过程中直接形成的、各种形式的、具有保存价值的原始记录。养护档案是按阶段将养护台账归集、整理、分类后形成的。并非全部台账记录均归入档案,而是对利用价值大于保存价值的台账资料进行归集,制作成档案。

2. 园林绿化养护台账和档案的价值

园林绿化养护台账和档案的主要价值在于真实反映养护过程的整体情况和各环节的细节,为工作的回顾、查找追溯、统计分析、追责定责等提供一手资料。建立园林绿化养护台账和档案是实现精细化、规范化管理的基础,有助于提高绿化养护管理水平。台账资料的记录、收集、整理,可以达到自我督促、自我提醒、改进提高的目的。建立完整的养护档案也是开展科学研究的基础,对绿化养护技术的改进、创新、发展具有重要意义。

3. 园林绿化养护台账和档案类别

(1)台账类别。养护台账主要有计划总结、养护日记、巡查记录、考核记录、物资记录、苗木清单、机具设备维护保养记录、安全文明管理记录、培训记录、会议记录,以及各种专项技术工作记录等。

(2)档案类别。档案按保存载体可以分为纸质档案、图像影音档案、电子档案等,按工作内容可以分为招投标档案、养护过程档案、安全管理档案、物资管理档案、专项技术档案等。

4. 园林绿化养护台账和档案的编制与归集

(1)台账编制。养护台账可以根据工作特点进行设计,制作成表格形式或文档形式。台账应按照一定周期进行整理,如每月或每季度整理一次,以便发现缺漏并及时补救。

(2)档案归集。一般以自然年度为周期进行档案归集,也可以根据项目生命周期进行档案归集。养护档案一般根据工程项目建档,一个工程项目对应一套档案。对收集的台账资料进行分类整理,按照时间顺序排列,编制卷宗目录。项目较小或台账资料较少的,也可以按时间顺序对所有文件集中建档。

职业模块 ④
园林绿化安全生产知识

培训课程 1

安全生产一般知识

一、安全生产基本法律法规

1. 法律

《中华人民共和国安全生产法》是我国第一部全面规范安全生产的专门法律，在安全生产法律体系中占有极其重要的位置，是安全生产法律体系的主体法，是各类生产经营单位及其从业人员实现安全生产所必须遵循的行为准则。

2. 法规

《工伤保险条例》通过立法强制实施工伤保险制度，体现了国家和社会对职工的尊重，有利于促进安全生产，保护和发展社会生产力，保障受伤职工的合法权益，有利于妥善处理事故和恢复安全生产。

《生产安全事故应急条例》于2019年正式公布，对做好新时代安全生产应急管理工作具有特殊而重大的历史意义。生产安全事故应急工作是保护人民群众生命财产安全的最后一道防线，条例解决了生产安全事故应急工作中的现实问题。

3. 部门规章

应急管理部印发了《生产安全事故应急预案管理办法》，规定生产经营单位主要负责人组织编制和实施本单位的应急预案，并对应急预案的真实性和实用性负责。

住房城乡建设部发布了《住房城乡建设部关于印发工程质量安全手册（试行）的通知》，对建设单位、施工单位、监理单位、检测单位的质量和安全行为做出了制度、人员等方面的具体要求。

二、安全生产基本知识

1. 安全概述

安全生产是指使生产过程处于避免人身伤害、设备损害及其他不可接受的损害风险的状态。安全生产的目标是"三不伤害"，即不伤害自己、不伤害他人、不被他人所伤害。安全生产是施工项目重要的控制目标之一，也是衡量施工项目管理水平的重要标志，施工项目必须把实现安全生产当作组织施工活动时的重要任务。园林绿化建设工程施工项目安全管理就是在项目施工过程中组织安全生产的全部管理活动，通过对生产要素具体的状态控制，使生产因素不安全的行为和状态减少和消除，不引发事故，尤其是不引发使人受到伤害的事故，使项目的效益目标得到充分保障。施工企业是安全生产工作的主体，必须全面贯彻落实安全生产的法律法规等，加强安全生产管理，实现安全生产目标。

2. 事故隐患

事故隐患泛指生产系统中可导致事故发生的人的不安全行为、物的不安全状态和管理的缺陷。事故隐患不及时消除就有可能引发事故，造成人员伤亡、引发职业病、造成财产损失或者其他损失。

3. 危险源

危险源是指可能导致人员伤害或疾病、财产损失、工作环境破坏或这些情况组合发生的根源或者状态。危险源来自三个方面，即人的不安全行为、物的不安全状态、管理及环境的缺陷。

人的不安全行为是人表现出来的，与人的心理特征相违背的非正常行为。人在生产活动中曾引起或可能引起事故的行为，必然是不安全行为。人出现一次不安全行为，不一定就会发生事故，造成伤害。然而，事故一定受人的不安全行为因素影响。人的不安全行为是指能造成事故的人为错误或性能不良事件，是违背设计或操作规程的错误行为，主要包括违章作业、违章指挥、违反劳动纪律。

物的不安全状态是指能导致事故发生的物质条件，包括机械设备等物质或环境所存在的不安全因素，又称为物的不安全条件，或直接称其为不安全状态。

管理上的不安全因素通常也称管理缺陷，它也是潜在的不安全因素。一般间接的事故原因包括技术上的缺陷、教育上的缺陷、生理上的缺陷、心理上的缺陷、管理工作上的缺陷五个方面。

4. 职业健康安全技术

园林绿化工程建设容易导致的职业病一般有以下几个类型：①各种环境和植物粉尘引起的尘肺病；②电焊工尘肺病、眼病；③直接操作振动机械引起的手臂振动病；④接触农药散发的气体等引起的中毒；⑤接触噪声引起的职业性耳聋；⑥长期超时、超强度的工作，精神长期过度紧张造成的相应职业病；⑦夏季高温中暑引起的不良反应等。

根据施工现场职业病危害的特点，一般采取以下职业病危害防护措施：①选择不产生或少产生职业病危害的建筑材料、施工设备和施工工艺，配备有效的职业病危害防护设施，使工作场所职业病危害因素的浓度（或强度）符合相关法规要求，职业病防护设施应进行经常性的维护、检修，确保其处于正常状态；②配备有效的个人防护用品，个人防护用品必须保证选型正确、维护得当，建立、健全个人防护用品的采购、验收、保管、发放、使用、更换、报废等管理制度，并建立发放台账；③制定合理的劳动制度，加强施工过程职业卫生管理和教育培训；④在可能产生急性健康损害的施工现场设置检测报警装置、警示标志等。

三、安全生产风险及预防

1. 工伤事故类型

园林绿化建设工程属于事故多发的高危行业，其中高处坠落、触电事故、物体打击、机械伤害、坍塌事故这五种事故是最常见的事故类型，称为"五大伤害"。园林绿化工程易发生的其他事故还有火灾、中毒、车辆伤害、起重伤害等。

（1）高处坠落。高处作业是指凡在距坠落高度基准面2 m以上（含2 m）有可能坠落的高处进行的作业。在施工现场高处作业中，如果未防护、防护不好或作业不当都可能发生人或物的坠落，人从高处坠落的事故称为高处坠落事故，高处坠落为施工现场第一杀手。

（2）触电事故。触电事故是指电流通过人体或带电体与人体间发生放电而引起人体的病理、生理效应所造成的人身伤害事故，又可分为接触触电事故和非接触触电事故。

（3）物体打击。物体打击是指失控的物体在惯性、重力等其他外力的作用下产生运动，打击人体而造成的人身伤亡事故，不包括因机械设备、车辆、起重机械、坍塌等引发的物体打击。物体打击的隐患无处不在，不要心存侥幸。

（4）机械伤害。机械伤害主要指机械设备运动（静止）部件、工具、加工件直接与人体接触引起的夹击、碰撞、剪切、卷入、绞、碾、割、刺等形式的伤害（不包括车辆、起重机械引起的伤害）。

（5）坍塌事故。坍塌事故是指物体在外力或重力作用下，超过自身强度极限，结构稳定失衡塌落而造成物体高处坠落、物体打击、挤压伤害及窒息的事故。园林绿化常见的坍塌为土方坍塌。

2. 工伤预防

工伤预防是建立健全工伤预防、工伤补偿和工伤康复三位一体工伤保险制度的重要内容，是避免和减少工伤事故和职业病的发生，有效保障职工的生命安全，减少经济损失，促进企业稳定发展和社会稳定的关键手段。

（1）高处坠落预防。作业前应认真检查所用的安全设施，确保其牢固、可靠。凡从事高处作业人员应接受高处作业安全知识教育，特殊高处作业人员应持证上岗，且上岗前应进行安全技术交底。作业人员应经过体检合格方可上岗。高处作业所用工具、材料等严禁投掷，上下立体交叉作业确有需要时，中间必须设隔离设施等。

（2）触电事故预防。要避免触电事故的发生，应牢记勿使用破损的电线，电线破损位置容易因电阻增大而发热，进而引发火灾及短路。应牢记不乱动通电设备，不用湿手触摸开关和电线，移动电器时要切断电源，工作时要戴绝缘手套、穿绝缘鞋。特殊工种应持证上岗。电器出现问题时应立即通知上级，不要擅自修理。作业时应正确使用开关箱，不使用拖线板及包扎处过多的电线。

（3）物体打击预防。预防物体打击要做到：作业人员进入施工现场按照要求佩戴安全帽，在规定的安全通道内活动；工作过程中的一般常用工具放在工具袋内，不得随手乱放；作业人员不得从高处往下抛掷建筑材料、杂物、建筑垃圾，不得向上抛递工具；脚手板必须满铺，物料不得堆放在临边及洞口附近；拆除工程应设警示标志，周围设护栏或搭设防护棚；起重吊运物料时，应设专人进行指挥；起重吊装按规定执行，规范设置平网、密目网等防护措施，挡住坠落物体；正确使用压力容器（气瓶等），加强检查与维护。

（4）机械伤害预防。防止机械伤害事故的主要防范措施有：检修机械必须严格执行断电、挂禁止合闸警示牌和设专人监护的制度，人手直接频繁接触的机械必须有完好紧急制动装置；对机械进行清理时应遵守停机、断电、挂警示牌制度，严禁无关人员进入机械作业现场；操作各种机械的人员必须经过专业培训，操作前应对机械设备进行安全检查，先空车运转确认正常后再投入使用；机械设备在运转时严禁用手调整；不得用手测量零件或徒手进行润滑、清扫杂物等操作；机械设备运转时，操作者不得离开工作岗位；工作结束后，应关闭开关。

（5）坍塌事故预防。坍塌事故的预防应按照相关安全技术标准、规范编制施工方案，制定专项安全技术措施。基坑（槽）开挖前必须做好降（排）水工作，并采取保护措施。基坑（槽）、边坡和基础桩孔边堆置各类建筑材料的，应按规定距离堆置。各类施工机械距基坑（槽）、边坡和基础桩孔的距离，应根据设备重量及基坑（槽）、边坡和基础桩的支护、土质情况确定，且不得小于1.5 m。雨季和冬季解冻期施工时，施工现场要进行全面检查和维护，保证排水畅通和无异常情况方可施工。机械开挖土方时，作业人员不得进入机械作业范围内进行清理和找坡作业。

四、应急预案与工伤急救常识

1. 应急预案

应急预案又称应急计划,是针对可能发生的重大事故(事件)或灾害,为保证迅速、有序、有效地开展应急与救援行动、降低事故损失而预先制订的有关计划或方案。它是在辨识和评估潜在的重大危险、事故类型、发生的可能性及发生过程、事故后果及影响严重程度的基础上,对应急机构职责、人员、技术、装备、设施(备)、物资、救援行动及其指挥与协调等方面预先做出的具体安排。应急预案明确了在突发事故发生之前、发生过程中及发生后谁负责、做什么、何时做,以及相应的策略和资源准备等,是及时、有序、有效地开展应急救援工作的重要保障。

一般应急预案是在专项预案的基础上,根据具体情况需要而编制的。它针对特定的具体场所(即以现场为目标),通常是某类型事故风险较大的场所或重要防护区域等所制定的预案。

2. 工伤急救常识

工伤事故发生后应在现场开展简单的急救。

(1)创伤急救。出血常见于割伤、刺伤、物体打击、碾伤等。如伤者一次出血量超过全身血量的30%时,就有生命危险。因此,及时止血是非常必要和重要的。遇有这类创伤时不要惊慌,可用现场物品如毛巾、纱布、工作服等立即采取止血措施。如果创伤部位有异物,且不在重要器官附近,可以拔出异物,处理好伤口。如无把握就不要随便将异物拔掉,应立即送医院,经医生检查,确定未伤及内脏及较大血管时再拔出异物,以免发生大出血而措手不及。

(2)骨折急救。骨骼受到外力作用,发生完全或不完全断裂叫作骨折。按照骨折端是否与外界相通,骨折分为两大类:闭合性骨折与开放性骨折。闭合性骨折的骨折端不与外界相通,开放性骨折的骨折端与外界相通。从受伤的程度来说,开放性骨折一般伤情比较严重。遇有骨折类伤害,应做好紧急处理后送医院抢救。为了保证伤员在运送途中的安全,防止断骨刺伤周围的神经和血管组织,加重伤员痛苦,对骨折处理的基本原则是尽量不让骨折肢体活动。因此,要利用一切可利用的条件,及时、正确地对骨折肢体做好临时固定。

(3)脊椎骨受伤。脊椎骨俗称背脊骨,包括颈椎、胸椎、腰椎等。对于脊椎骨折伤员,如果现场急救处理不当,容易加重痛苦,甚至造成不可挽救的后果。特别是背部被物体打击后,均有脊椎骨折的可能。对于脊椎骨折的伤员,急救时可用木板、担架搬运,让伤者仰躺。无担架、木板,需众人用手搬运时,抢救者必须有一人双手托住伤者腰部，切不可单独一人用拉、拽的方法抢救伤者，否则可能把受伤者的脊柱神经拉断，将造成下肢永久性瘫痪的严重后果。

（4）触电急救。触电紧急抢救的首要条件是快速、正确地使触电者脱离电源。发生低压触电事故时，应立即切断电源或用木棍、橡胶制品挑开电源，如果触电者衣服干燥，可用手抓住其衣服将其拖离电源，但救护人不能接触触电者的皮肤，也不可抓触电者的鞋；发生高压触电时，应立即切断电源。当触电者脱离电源后，应根据触电者的具体情况送医就诊或者采取其他救治措施。

（5）中暑急救。中暑初期应迅速将中暑者转移到通风阴凉的地方，使其平卧并解开衣扣，松开或脱去衣服，如衣服被汗水湿透应更换降温，头部可捂冷毛巾，可用酒精、白酒、冰水或冷水进行全身擦浴然后用扇子或电扇吹风，加速散热。轻度中暑可以为中暑者泼水，泼在皮肤上的水蒸发较快，可提高降温的效率；或者用冷毛巾湿敷中暑者，如果可能，将中暑者移到有冷气设备的地方。中暑者仍有意识时，可给一些清凉饮料，但千万不可急于补充大量水分，否则会引起呕吐、腹痛、恶心等症状。重度中暑时中暑者若已失去知觉，可指掐人中、合谷等穴，使其苏醒；若呼吸停止，应立即实施人工呼吸并送医院诊治。搬运中暑者应使用担架运送，不可让中暑者步行，同时运送途中要注意尽可能用冰袋敷于中暑者额头、枕后、胸口、肘窝及大腿根部，积极进行物理降温，以保护大脑、心肺等重要器官。

培训课程 2 园林绿化施工、养护安全知识

一、园林绿化施工环境特点

1. 场地大而开阔

现代园林绿化工程项目比水利工程的带状施工和建筑工程的竖向施工显得大而开阔,尤其是综合公园、广场、郊野公园、森林公园等绿地,可能需要分阶段、分标段施工。围挡的封闭式施工管理成本较高,施工场所的固定化使安全生产环境受到局限,施工人员围绕固定场所进行生产施工作业,形成了在有限的场地上集中大量操作人员、施工机具、建设材料等的施工环境。

园林绿化工程施工大多为露天作业,苗木栽植、小品施工、电气安装等操作需要大量的人工作业,劳动繁重且体力消耗大。露天作业受环境影响比较大,因恶劣天气或者抢工期导致操作人员违章操作的现象比较普遍。

园林绿化工程人员流动性大,施工班组中绝大多数施工人员是来自农村的进城务工人员,他们不但要随工程流动,而且还要根据季节的变化(农忙、农闲)进行流动,给安全管理带来很大的困难。

2. 施工工艺复杂,交叉施工频繁

园林绿化建设工程涉及的专业多,不仅有绿化栽植部分,还有道路及广场铺装、假山叠石施工、给排水施工、建(构)筑物施工、桥梁施工、水环境改造、电气安装等部分,涉及建筑、市政甚至水利行业,对施工管理人员的专业性、知识面的广度和深度都有很高的要求。随着园林绿化建设工程的大型化、复杂化发展,为了追求景观效果,设计中经常采用新颖的设计手法,因此施工工艺要求也在不断提高。

园林绿化建设工程的工期,尤其是配套绿化的建设工期,往往被业主作为工程的最后一道工序而设置得不尽合理:一是建筑工程还没有彻底完工便要求绿化施工单位进场施工,交叉施工给园林绿化工程的施工及管理人员带来比较大的安全风险;二是压缩工期,留给绿化施工的工期太短,迫使施工单位调整组织设计,增加赶

工措施，组织多工种交叉作业。抢工期建设会给绿化工程建设带来非常大的安全隐患。

3. 工程实施对象以有生命的活体为主

园林绿化建设工程不同于其他建设工程的一个突出特点是，建设材料中的植物材料是有生命的活体，植物材料的施工种植有季节的限制，且会随着时间的推移发生变化。

植物的选择配置与安全管理要求园林绿化施工人员全面了解有害生物种类、特征及防范措施，严禁在园林植物种植过程中造成有害生物入侵，加强植物检疫保障生态安全，对不同绿化类型有针对性地选择植物品种以满足景观性和功能性的需求。

植物材料具有特殊性，在大树移植、行道树种植、树木修剪、立体绿化等方面要做好施工要点管理，合理安排施工流程，全方位做好施工安全管理工作。

二、园林绿化养护环境特点

1. 公园养护环境特点

公园是供公众游览、观赏、休憩、开展活动的场所，有较完善的设施和良好的绿化环境，同时具有防火、避险等作用。公园环境主要特点如下：

（1）公园是人类活动较为频繁和密集的场所，节假日客流量较大。

（2）公园植物种类、种植类型、园林要素都比较丰富。

（3）公园绿化景观的观赏性要求较高，同时还要满足人们的休憩使用功能和减灾避险功能。

（4）公园养护的精细化程度要求较高。

（5）公园服务性设施较完善，环境卫生要求高。

2. 公共绿地养护环境特点

广义上讲，公共绿地包含了公园，在这里可将其狭义地理解为除公园之外的、适合安排游憩活动设施的、供城市居民共享的游憩绿地。公共绿地的主要环境特点如下：

（1）服务半径有限，一般供周边居民游憩使用。

（2）开放程度高，基本上是24 h开放，不设置围墙等隔离设施。

（3）服务性设施较少，甚至不提供服务性设施。

（4）使用绿地的人群相对稳定，人们活动有一定的规律性，自行车、宠物等可以进入。

（5）园林元素相对较少，以植物景观为主。

3. 居住区绿化养护环境特点

居住区绿化是指在居住区用地上建设的绿化类型，主要服务于居住区内的居民，与居民日常生活息息相关。居住区绿化一般要求植物配置相对简单合理，树木不宜过于茂密，不能影响居民的通风采光需求，养护工作不宜影响居民的日常活动和休息。

4. 厂区单位绿化养护环境特点

厂区单位绿化是工厂或单位在厂区或单位区域范围内建设的绿化，能起到美化环境、防治污染等作用。厂区单位绿化要适应厂区单位的工作和安全生产要求，树木需要避让空中和地下管线，一般要求维护量、维护频次较低。

5. 道路绿化养护环境特点

道路绿化是指在道路两侧或中央隔离带种植花草树木的绿化类型，起到美化道路环境、隔离人车、遮光防眩、防尘减噪等作用。其植物种类相对较少或较为单一，与道路交通关系密切，进行养护作业的危险系数较高。

6. 林地养护环境特点

林地是指成片的天然林、次生林和人工林覆盖的土地，是森林资源的重要组成部分。林地以木本植物为主要植被，一般不供居民游览休憩使用。林地对观赏度要求较低，重视其生态功能，养护较粗放，精细化程度不高。

三、灾害性天气的预防、抢救和善后处理

1. 常见灾害性天气对园林绿化的影响

常见灾害性天气主要有低温灾害、高温灾害、风害、雷击灾害、旱涝灾害、雨凇、雪害等。我国地域辽阔，各地环境特点差异很大，主要灾害类型也有所差异。灾害性天气会造成植物损伤或死亡，往往会使园林绿化大面积受损，造成较大的经济损失。

2. 应对灾害性天气的措施

（1）低温灾害的应对措施。首先应做到适地适树，栽植适应当地温度、抗寒能力强的树种。其次应加强对植物的养护管理，使植物生长健壮、抵抗力强。应对低温灾害的常用措施有覆盖、包扎、熏烟、搭设风障、灌封冻水等。

（2）高温灾害的应对措施。主要有遮阴、喷雾降温、树干涂白（防日灼）、适时灌溉等措施。

（3）风害的应对措施。主要有打桩、支撑、绑扎等措施，同时应注意避免积水、修剪树冠，以增强树木的抗风能力。发生风害后要及时扶正倒伏树木，重新加固支撑桩，加强养护，促使植物恢复生长。

（4）雷击灾害的应对措施。易受雷击灾害的地区应装置避雷器具，在雷击发生后及时处理受损树木，进行救治，受损严重无法救治的应及时清除。

（5）旱涝灾害的应对措施。提前进行灌溉和排水设施的布置，检查设备并保持其使用性能完好，根据天气情况适时进行灌溉或排水。

（6）雨凇、雪害的应对措施。雨凇灾害的防治可以采取人工打落冰凌、设立支柱支撑等措施，对于已经受害的植物要加强养护管理。雪害主要是因积雪过厚造成植物折断或压损，因此防治雪害主要可采取及时振落积雪、修剪过密枝条、对大树设立支柱等措施。

培训课程 3

农药、肥料、化学品安全使用和保管知识

一、农药安全使用和保管

农药是指用于预防、控制危害农业、林业的病、虫、草、鼠和其他有害生物，以及有目的地调节植物、昆虫生长的化学合成或者来源于生物或其他天然物质的一种或者几种物质的混合物及其制剂。农药的使用和保管应遵循国家和地方相关法律法规及相关规定，主要可以参照《农药管理条例》。

1. 农药安全使用

（1）正确采购药剂，选择安全、高效、经济的农药。农药使用人员应熟知靶标生物和非靶标生物的生物学特性、发生和发展特点，做到对症配药。在确定防治对象的基础上，选择安全、高效、经济的农药。根据药剂配比、使用量、使用次数等综合测算药剂需用量，制订合理的购买计划。尽量缩短储存时间和避免过剩，做到按需购买。在购置农药时应能够识别药剂真伪。一般情况下，农药应具有农药登记证、生产许可证、产品标准号，三证齐全的为正规产品。还可以通过查看产品保质期、色带、注意事项、生产厂家、地址、联系方式等辨别农药质量和安全性。

（2）熟悉药剂特性和相关因素。应了解农药的理化性质、生物活性、作用方式、防治谱等，掌握农药剂型及制剂特点，以确定适合的施药方法。施药前要了解施药区域的自然环境条件和社会因素，尤其是小气候条件。对施药机械工作原理也要有所了解，以便提高施药质量并确保安全性。

（3）施药过程中预防中毒、药害的发生。施药过程中应确保操作人员、周边人群（特别是儿童）、其他动物及天敌种群的安全。在开启农药包装、称量配制时，操作人员应佩戴必要的防护器具，孕妇、哺乳期妇女不能参与配药，不能用盛药水桶直接下河沟取水，不能用手或胳膊伸入药液或粉剂中搅拌。如果要倒整袋可湿性粉剂农药，应将包装袋开口处尽量接近水面，站在上风口，让粉尘和飞扬物随风吹走。喷雾器不要装得太满，以免药液泄漏。当天配好的药液应当天用完。施药量过大、施药时期不

当、施药方法不当、药剂发生挥发和漂移、施药时的温度不当、药剂误用等均可能导致药害的发生。

（4）安全配制农药。农药称量、配制应根据药品性质和用量进行，防止溅洒、散落。不能用瓶盖倒药或用饮水桶配药。药剂应随配随用，已配好的应尽可能采取密封措施，开装后余下的农药应封闭在原包装内，不得转移到其他包装中（如喝水用的瓶子或盛食品的包装）。配药器械一般要求专用，每次用后要清洗，不得在河流、小溪、井边冲洗。配制农药应在远离住宅区、牲畜栏、水源的场所进行。

（5）施药后做好机具清洗及包装物处理和回收。农药使用者不得将农药包装废弃物随意丢弃，有责任将农药使用中产生的农药包装废弃物妥善收集，并按照国家和当地有关规定安全送至包装废弃物回收点，交由相关部门处理。施药器械在作业后应充分清洗，尤其是施用除草剂后更应洗净，以免残存物混入导致施用其他农药时产生药害。施药人员在施药作业结束后应立即更换防护服，将脱下的防护服及其他防护用具装入事先准备好的塑料袋中带回清洗。施药作业完成后应先用清水冲洗手、脚、脸等暴露部位，再用肥皂洗涤全身，并漱口换衣，喷药时穿戴的衣物在下次穿着前必须洗净，内外衣物应分别清洗。

2. 农药运输及仓储管理

（1）运输前要仔细检查包装。在运输农药之前，应检查包装是否完整，发现有渗漏、破裂的，应用该药剂规定的材料重新包装后运输，并及时妥善处理被污染的地面、运输工具、包装材料等。高毒农药必须专车运输。要确保农药远离乘客、牲畜，尽可能避免把农药装入客车、牲畜运输车及其他装运人、畜消费用品的车辆中。如果确实无法避免，则应尽量将农药放在远离乘客和行李的地方。

（2）运输时要小心装卸。装卸前应锤平运输车上凸出的钉子、铁皮、木锲等，以免戳破农药包装而引起渗漏。装卸时不要把农药放在其他重物的下面，以免压碎农药包装，同时还要防止农药从高处摔落。搬运农药要做到"轻、稳、准、快"，即轻拿轻放、平稳牢靠、数量准确、加快速度。农药装车、装船时要堆放整齐，不倒置，重不压轻，标记向外，箱口朝上，放稳扎妥。装卸农药的人员必须穿戴劳动防护用品。装卸运输人员未洗手前不吸烟、不吃东西，皮肤受污染后应立即清洗。如在装卸和运输过程中发生农药溢洒事故，应让人、畜远离现场，避免接触溢出物，不要在溢出的农药旁吸烟或使用明火。在每次卸下农药后应清扫车辆等农药运输工具，避免产生污染。

（3）做到安全储存农药。农药如果储存不当，不但会导致农药变质、失效，而且会产生其他有害作用，甚至导致人畜中毒、环境污染。农药的储存条件要符合说明书的要求，要避免将农药储存在其限定温度以外的条件下。储存农药应符合以下几个方面的要求：

1）专地或专柜储存。农药应避免与粮食、蔬菜、瓜果等食品及日用品等混放，不能和火碱、石灰、小苏打、碳酸氢铵、氨水、肥皂及硝酸铵、硫酸铵、过磷酸钙等碱性或酸性物品同仓存放，也不能和火柴、爆竹、煤油、硫黄、木炭、纸屑等易燃易爆物品放在一起。农药应单独储存在有锁的仓库或专用设施中，还应远离儿童、家禽、牲畜、动物饲料、水源等，以消除一切造成污染或误认误用的可能性。

2）农药处理过的种子必须单独存放，并在上面做记号，以免误食。

3）必须将除草剂与其他农药分开储存，以免误将除草剂当作杀虫剂或杀菌剂使用而造成经济损失。

4）定期检查农药包装是否有破损、渗漏等，对有破损、渗漏的包装和容器要及时转移，如果破损包装和容器中的农药仍可使用，可将它们重新包装，但必须装进贴有原始标签的容器，若没有原始容器则必须将原始标签贴到新的包装容器的显著位置。

5）不得在溢出的农药旁吸烟或使用明火，溢出的农药液体应用干土或锯木屑吸附，在仔细清扫后将废渣深埋在对水源和水井不会造成污染的地方。

6）定期检查农药的有效期，对已过期的农药要及时销毁。

7）农药进出仓库应建立登记手续，不得随意存取。

二、肥料安全使用和保管

肥料包括无机肥、有机肥、微生物肥等。无机肥料是指用化学或物理方法制成的含有一种或几种农作物生长需要的营养元素的肥料，也称化学肥料，简称化肥，包括氮肥、磷肥、钾肥、复合肥等。肥料的安全使用和保管主要指的是对化肥的管理。化肥使用不当会对人体健康、自然环境、农业生产、食品安全等造成不良影响，甚至出现重大安全问题，因此需要对化肥的使用和保管进行安全管理，并遵循相关法律法规和技术标准。

1. 肥料安全使用

（1）肥料安全使用原则。肥料使用应遵循科学、合理、高效、节约资源、因地制宜的原则。在保障植物生长的前提下，考虑不同地区气候特征、种植条件、环境质量等因素，选择适合的肥料品种、确定适宜的用量、采用最佳的施用方法，从源头控制、过程管理、末端拦截等方面进行全面控制，最大程度上避免肥料可能造成的安全问题。

（2）肥料安全使用管理措施。施肥前，应对土壤和作物进行分析和测试，做到按需供肥。应优先选用有机肥和微生物肥等对人类和环境安全友好的肥料，尽可能减少化肥的用量。使用化肥时应把人类健康和环境安全放在首位，应建立良好的化肥使用管理机制，可以采取总量控制、环境经济补偿制度等方式，通过结合灌溉、中耕、轮作等养护措施提高化肥使用效率，对施肥时间、施肥部位、施肥量进行精准控制，应用新技术和新方法提高肥料吸收和利用率。严禁使用"三无"肥料产品，严禁使用含有有毒有害物质或重金属超标的肥料。

（3）化肥使用安全防护。使用化肥时应做好个人防护，避免皮肤直接接触化肥。作业过程中不得饮食，施肥作业完成后应及时清洗双手、更换衣物。不得将化肥包装物随意丢弃，应按相关规定对包装及废弃物妥善收集和处理。施肥机具和设备应按操作规范进行维护、保养和使用。

2. 肥料运输及仓储管理

肥料的运输和存储可参照农药管理相关规定。化肥（特别是硝酸铵和硝酸钾等硝酸类肥料）在运输、存储和使用中应注意防止爆炸、火灾等事故。应将硝酸铵、硝酸钾等肥料存放于避光低温的场所。在存放、运送和使用时严禁与火源及其他易燃易爆等危险化学品接触，严禁敲打和挤压，避免发生爆炸和火灾。

三、化学品安全使用和保管

在绿化养护工作中，经常会涉及一些化学品的使用，如化学类农药、化肥、汽油、酒精、油漆等，其中使用较多的是化学类农药和化肥，汽油使用也较频繁，其他化学品则使用比较少。在使用这些化学品时应遵循国家和地方的相关法律法规和标准规定。一些毒性较高的化学品和汽油等属于危险化学品范畴，必须按照危险化学品管理规定来进行日常管理和使用。

1. 化学品安全使用

单位应建立健全化学品（尤其是危险化学品）安全管理制度。化学品使用范围区域、使用量、配制比例、使用方法等均应事前经过测算和风险评估，符合安全性要求的方可使用。化学品使用人员必须经过相关专业和安全培训，符合岗位要求。化学品使用应符合法律法规要求，任何单位和个人不得生产、经营、使用国家明令禁止的危险化学品。化学品包装废弃物必须按要求进行收集和处置，不得随意丢弃。

2. 化学品运输及仓储管理

化学品必须由专业单位承运。存储化学品的单位必须配备专门的、符合相关安全规范的化学品仓库或储藏室，由专人进行化学品管理，化学品管理人员必须经过专业培训；构成重大危险源的危险化学品必须在专用仓库内单独存放，实行双人收发、双人保管制度，并在公安部门等安全管理部门备案，接受安全管理部门的检查和监督。

培训课程 4

机具安全使用和维护知识

随着园林绿化事业的发展，园林绿化的生产与养护管理工作逐渐由单一的人工作业向半机械化、机械化、自动化过渡，现代化园林机械设备已被广泛应用到生产实践中。园林机具不仅能直接保护和提高绿化美化效果，充分发挥绿化美化功能，而且对促进生产、改善生态环境、美化市容等都具有重要的作用。

一、工具安全使用和维护

1. 工具的安全使用

（1）根据使用者选用。工具的选择首先要看使用者：使用者是专业群体或个人时，一般应选择坚固、耐用、功能比较全面的通用工具；家庭和业余园艺爱好者，其工作量不大，并应考虑作为环境的点缀，可选用美观、小巧、强度一般的家用型工具。

（2）根据作业内容选用。根据作业内容选择专用工具，如绿篱修剪选用不同规格的绿篱剪，修剪效率高，修剪效果好；较高部位的修剪，一般选择高枝剪，既可免去登高作业的危险，又可较方便地观察整个树冠，从而更好地把握各部位的修剪程度。

（3）打磨。"磨刀不误砍柴工"说明了打磨工具的重要性。园林绿化工具多数用于砍、劈、截、削等作业，多数工具都有刃，少数有齿，打磨的作用就是使刃或齿更加锋利，使用起来更加省力和快捷。常用的打磨工具有油石、钢锉、砂轮等，还应配备扳手、老虎钳等辅助工具。

2. 工具的日常维护保养

工具的日常维护保养与保持工具良好的使用性能、延长其使用寿命关系密切，应根据工作内容选择合适的工具，工作前应了解场地状况，清除障碍物，避免硬物对工具造成损伤。

（1）防锈。工具的工作部件多由金属材料制成，很容易生锈，轻者影响使用，重者可能失去使用价值，因此在使用后应及时擦洗干净，并涂防锈油保护。

（2）保管。存放环境应干燥、清洁，远离酸碱物品，若不慎沾上酸碱物品应及时冲洗清洁，再用棉布擦干，避免日晒雨淋。各种工具应归类存放，以便清点和存取。非专人使用的工具应建立工具使用卡，完善使用登记制度，及时维修已损坏的工具，保证工具的完好率，提高工具的使用效率。

（3）部分园林工具的维修保养

1）花剪、枝剪。拆卸后，将刃部用磨刀石打磨锋利并抹油防锈，紧固螺丝及各转动部位用润滑油保养。

2）手锯。拆卸后，用钢锉将锯条（盘）的锯齿锉锋利。手锯每次打磨时应矫正锯齿的"开锋"，以保证使用时不"咬锯"。

3）刀类。应配齐必备的刀具，并使之处于随时可用的状态，同时要将刃部打磨锋利。打磨时注意刀面与磨石的角度，防止刀面与磨石之间的角度过大。

4）喷雾器。每次使用前（尤其是喷施毒性较大的药物前）都必须用清水检查喷雾器是否完好。每次使用后用清水冲洗干净，防止残留物腐蚀容器、喷杆、喷头等部件。

二、机械安全使用和维护

1. 机械的安全使用

园林机械的正常使用是保证高效、优质、低耗、安全生产的关键。

（1）人员培训。人员培训是指对机械操作使用者进行培训。通过培训，使用者应熟悉机械的性能、参数、结构、基本工作原理、调整和维修保养方法等，同时还应熟悉使用该机械进行作业的内容、该机械的适用范围及安全使用知识。

（2）规章制定。规章是机械管理者依据机械性能、原理及作业特点，为安全、正确、顺利使用机械进行作业而制定的管理依据。规章既是对使用者的约束，也是规范管理行为的准则。

（3）班前准备。班前准备是指正常作业前，应对以下各项内容进行准备。

1）人员准备。操作人员应认真阅读使用说明书，熟悉机械的结构及操作、控制方法。不允许儿童及未经培训的人员操作使用。操作人员应按作业内容穿戴合适的劳动防护用品，不佩戴影响安全的饰物，不披散长发。操作人员作业前不得饮酒，身体健康条件应符合工作的需要。

2）机械准备。检查机械各个部件螺丝有无松动，对工作部件应进行特殊检查。

检查机械各传动及旋转工作装置等的防护罩或防护板是否完整、坚固、有效。检查机油油位,如低于刻度线,应注入机油,加至满刻度线为止,切勿过量。检查燃油箱油量是否足够,作业前应将燃油箱加满油料,加油场所及其附近严禁吸烟。清点并携带随机工具、易损件及附件。

3)勘察作业区域。操作前应仔细勘察作业区域,清除地面障碍物,如砖块、石块、建筑垃圾等;熟悉作业区地形,特别是斜坡、坑洼等特殊地形。若是高处作业,应对作业区域上方的电线、广告牌多加注意,以防意外。

(4)正常作业。在做好上述班前准备工作后,才能开始正常作业。为保证作业顺利进行,作业中应密切注意下列问题。

1)机械状况。作业过程中,随时观察机械是否出现异常响声、振动或气味,仪表盘显示是否正常。若出现异常现象,应立即停机,检查原因,有效处理后才能继续作业。

2)作业质量。作业过程中,随时目测检查作业质量,并定时停机检查。作业质量往往最能反映工作部位的状态,如根据割茬整齐度可以判断刀片是否锋利。若要检查旋转或运动部件,必须先停机、后检查,以保证安全。

3)停机加油。作业过程中添加燃油时,一定要先停机、后加油。加油完毕,擦干洒在油箱外表的燃油。绝不可在添加燃油时抽烟或靠近明火。

4)更换部件。更换部件应在停机一段时间后进行,防止因惯性而继续旋转或运动的部件碰伤人体。应按照说明书规定的程序拆卸原工作部件后换装新的工作部件。

2. 机械的日常维护保养

机械的日常维护保养是指在完成了当天的作业任务后,还需要完成的各项保养任务。

(1)擦拭。首先将机械的外表擦拭干净,直到能够清楚观察其各部位,确定有无损坏和碰伤。切削部件应先清除塞在上面的土、草等杂物,再擦拭干净。

(2)检查。检查各部件状态有无松动、损坏和碰伤,并认真检查切削部件(如刀片、锯、链等)有无裂缝以及刃部是否磨钝或损坏。

(3)紧固和更换。对检查出的问题应逐一解决,并紧固松动的螺丝。对能及时修复的零部件应立即修复,对不能修复的零部件应及时更换,对切削部件应及时打磨。

(4)加润滑油。按说明书要求,对运动配合部位、轴承等润滑点加润滑油。

(5)次日作业准备。如果知道次日的作业内容,应按次日的作业内容换装新的工作部件及随机所带物品。

完成上述工作后，应填写工作日志，记录当日所完成的工作、遇到的问题及解决的办法，并详细记录作业中出现的故障及排除方法。还应记录当日油耗、易损件等的消耗情况及完成的工作内容和任务量，以便进行经济核算。

职业模块 5 相关法律、法规、规章、规范性文件和标准知识

培训课程 1

法律知识

法律是拥有立法权的国家机关依照立法程序制定和颁布的规范性文件。在我国，法律由全国人民代表大会及其常务委员会依照立法程序制定和颁布。全国人民代表大会制定和修改刑事、民事、国家机构的和其他的基本法律。全国人民代表大会常务委员会制定和修改除应当由全国人民代表大会制定的法律以外的其他法律；在全国人民代表大会闭会期间，还可以对全国人民代表大会制定的法律进行部分补充和修改，但是不得同该法律的基本原则相抵触。法律由国家主席签署主席令予以公布。法律的解释权属于全国人民代表大会常务委员会。法律的效力高于行政法规、地方性法规和规章。

一、《中华人民共和国劳动法》（简称《劳动法》）

《劳动法》的立法宗旨是明确劳动合同双方当事人的权利和义务，不仅保护劳动者的合法权益，同时还保护用人单位的合法权益，是实现劳动力资源的市场配置，促进劳动关系和谐稳定的重要法律制度。构建和谐稳定的劳动关系是《劳动法》的最终价值目标。《劳动法》的制定，标志着我国劳动合同制度的正式建立。在中华人民共和国境内的企业、个体经济组织和与之建立劳动合同关系的劳动者，均适用本法。本法包括十三章一百零七条，含总则、促进就业、劳动合同和集体合同、工作时间和休息休假、工资、劳动安全卫生、女职工和未成年工特殊保护、职业培训、社会保险和福利、劳动争议、监督检查、法律责任、附则等。

二、《中华人民共和国森林法》（简称《森林法》）

《森林法》的立法宗旨是践行绿水青山就是金山银山的理念，保护、培育和合理利用森林资源，加快国土绿化，保障森林生态安全，建设生态文明，实现人与自然和谐共生。在中华人民共和国领域内从事森林、林木的保护、培育、利用和森林、林木、林地的经营管理活动，均适用本法。本法包括九章八十四条，含总则、森林权属、发展规划、森林保护、造林绿化、经营管理、监督检查、法律责任、附则等。

三、《中华人民共和国环境保护法》（简称《环境保护法》）

《环境保护法》的立法宗旨是保护和改善生活环境与生态环境，防治污染和其他公害，保障公众健康，推进生态文明建设，促进经济社会可持续发展。本法所称环境，是指影响人类社会生存和发展的各种天然的和经过人工改造的自然因素的总体，包括大气、水、海洋、土地、矿藏、森林、草原、湿地、野生生物、自然遗迹、人文遗迹、自然保护区、风景名胜区、城市和乡村等。同时，中华人民共和国领域和中华人民共和国管辖的其他海域也适用本法。本法包括七章七十条，含总则、监督管理、保护和改善环境、防治污染和其他公害、信息公开和公众参与、法律责任、附则等。

四、《中华人民共和国安全生产法》（简称《安全生产法》）

《安全生产法》的立法宗旨是加强安全生产工作，防止和减少生产安全事故，保障人民群众生命和财产安全，促进经济社会持续健康发展。在中华人民共和国领域内从事生产经营活动的单位的安全生产适用本法；有关法律、行政法规对消防安全和道路交通安全、铁路交通安全、水上交通安全、民用航空安全、核与辐射安全、特种设备安全另有规定的，适用其规定。本法包括七章一百一十九条，含总则、生产经营单位的安全生产保障、从业人员的安全生产权利义务、安全生产的监督管理、生产安全事故的应急救援与调查处理、法律责任、附则等。

五、《中华人民共和国农业法》（简称《农业法》）

《农业法》的立法宗旨是巩固和加强农业在国民经济中的基础地位，深化农村改革，发展农业生产力，推进农业现代化，维护农民和农业生产经营组织的合法权益，增加农民收入，提高农民科学文化素质，促进农业和农村经济的持续、稳定、健康发展，实现全面建成小康社会的目标。本法所称农业，是指种植业、林业、畜牧业、渔业等产业，包括与其直接相关的产前、产中、产后服务。本法包括十三章九十九条，含总则、农业生产经营体制、农业生产、农产品流通与加工、粮食安全、农业投入与支持保护、农业科技与农业教育、农业资源与农业环境保护、农民权益保护、农村经济发展、执法监督、法律责任、附则等。

六、《中华人民共和国城乡规划法》（简称《城乡规划法》）

《城乡规划法》的立法宗旨是加强城乡规划管理，协调城乡空间布局，改善人居环境，促进城乡经济社会全面协调可持续发展。本法所称城乡规划，包括城镇体系规划、城市规划、镇规划、乡规划和村庄规划。城市规划、镇规划分为总体规划和详细规划。详细规划分为控制性详细规划和修建性详细规划。本法包括七章七十条，含总则、城乡规划的制定、城乡规划的实施、城乡规划的修改、监督检查、法律责任、附则等。

七、《中华人民共和国固体废物污染环境防治法》（简称《固体废物污染环境防治法》）

《固体废物污染环境防治法》的立法宗旨是保护和改善生态环境，防治固体废物污染环境，保障公众健康，维护生态安全，推进生态文明建设，促进经济社会可持续发展。固体废物污染环境的防治适用本法。固体废物污染海洋环境的防治和放射性固体废物污染环境的防治不适用本法。本法包括九章一百二十六条，含总则，监督管理，工业固体废物，生活垃圾，建筑垃圾、农业固体废物等，危险废物，保障措施，法律责任，附则等。

八、《中华人民共和国种子法》（简称《种子法》）

《种子法》的立法宗旨是保护和合理利用种质资源，规范品种选育、种子生产经营和管理行为，加强种业科学技术研究，鼓励育种创新，保护植物新品种权，维护种子生产经营者、使用者的合法权益，提高种子质量，发展现代种业，保障国家粮食安全，促进农业和林业的发展。中华人民共和国境内从事品种选育、种子生产经营和管理等活动，适用本法。本法包括十章九十二条，含总则，种质资源保护，品种选育、审定与登记，新品种保护，种子生产经营，种子监督管理，种子进出口和对外合作，扶持措施，法律责任，附则等。

九、《中华人民共和国招标投标法》（简称《招标投标法》）

《招标投标法》的立法宗旨是规范招标投标活动，保护国家利益、社会公共利益和招标投标活动当事人的合法权益，提高经济效益，保证项目质量。在中华人民共和国境内进行的招标投标活动，适用本法。本法包括六章六十八条，含总则，招标，投标，开标、评标和中标，法律责任，附则等。

十、《中华人民共和国民法典》（简称《民法典》）

《民法典》的立法宗旨是保护民事主体的合法权益，调整民事关系，维护社会和经济秩序，适应中国特色社会主义发展要求，弘扬社会主义核心价值观。民法调整平等主体的自然人、法人和非法人组织之间的人身关系和财产关系。民事主体的人身权利、财产权利以及其他合法权益受法律保护，任何组织或者个人不得侵犯。民事主体在民事活动中的法律地位一律平等。民事主体从事民事活动应当遵循自愿原则、公平原则、诚信原则，不得违反法律，不得违背公序良俗，应当有利于节约资源、保护生态环境。处理民事纠纷应当依照法律；法律没有规定的，可以适用习惯，但是不得违背公序良俗。其他法律对民事关系有特别规定的，依照其规定。中华人民共和国领域内的民事活动，适用中华人民共和国法律。法律另有规定的，依照其规定。本法主要包括七编一千二百六十条，含总则、物权、合同、人格权、婚姻家庭、继承、侵权责任等。

培训课程 2

法规、规章知识

法规包括行政法规和地方性法规。行政法规由国务院根据宪法和法律制定,并由总理签署国务院令公布。地方性法规由省、自治区、直辖市的人民代表大会及其常务委员会根据本行政区域的具体情况和实际需要制定,由大会主席团或常务委员会发布公告予以公布。

行政法规的名称一般称条例,也可以称规定、办法等。行政法规的效力高于地方性法规和规章。地方性法规的效力高于本级和下级地方政府规章。规章包括国务院部门规章和地方政府规章。国务院部门规章由国务院各部、委员会、中国人民银行、审计署和具有行政管理职能的直属机构根据法律和国务院的行政法规、决定、命令在本部门的权限范围内制定。地方政府规章由省、自治区、直辖市和较大的市的人民政府根据法律、行政法规和本地区的地方性法规制定。

规章由本部门首长或者省长、自治区主席、市长签署命令予以公布。规章的名称一般称规定、办法,但不得称条例。规章的解释权属于规章制定机关。省、自治区人民政府制定的规章的效力高于本行政区域内的较大的市的人民政府制定的规章。部门规章之间、部门规章与地方政府规章之间具有同等效力,在各自的权限范围内施行。部门规章之间、部门规章与地方政府规章之间对同一事项的规定不一致时,由国务院裁决。

一、《城市绿化条例》(中华人民共和国国务院令第 100 号)

本条例是由中华人民共和国国务院于 1992 年 5 月 20 日第 104 次常务会议上通过,并于 1992 年 8 月 1 日起施行的行政法规。本条例是为了促进城市绿化事业的发展,改善生态环境,美化生活环境,增进人民身心健康而制定的。本条例适用于在城市规划区内种植和养护树木花草等城市绿化的规划、建设、保护和管理,包括总则、规划和建设、保护和管理、罚则、附则,共五章三十三条。

二、《中华人民共和国植物新品种保护条例》(中华人民共和国国务院令第213号)

本条例是中华人民共和国国务院发布的行政法规。本条例的立法目的是保护植物新品种权,鼓励培育和使用植物新品种,促进农业、林业的发展。本条例所称植物新品种,是指经过人工培育的或者对发现的野生植物加以开发,具备新颖性、特异性、一致性和稳定性并有适当命名的植物品种。国务院农业、林业行政部门按照职责分工共同负责植物新品种权申请的受理和审查并对符合本条例规定的植物新品种授予植物新品种权。本条例包括总则,品种权的内容和归属,授予品种权的条件,品种权的申请和受理,品种权的审查与批准,期限、终止和无效,罚则,附则,共八章四十六条。

三、《农药管理条例》(中华人民共和国国务院令第216号)

本条例是由中华人民共和国国务院于1997年5月8日发布的行政法规。本条例是为了加强农药管理,保证农药质量,保障农产品质量安全和人畜安全,保护农业、林业生产和生态环境而制定的。本条例包括总则、农药登记、农药生产、农药经营、农药使用、监督管理、法律责任、附则,共八章六十六条。

四、《中华人民共和国野生植物保护条例》(中华人民共和国国务院令第204号)

本条例是由中华人民共和国国务院发布的行政法规。本条例是为了保护、发展和合理利用野生植物资源,保护生物多样性,维护生态平衡而制定的。在中华人民共和国境内从事野生植物的保护、发展和利用活动,必须遵守本条例。本条例所保护的野生植物,是指原生地天然生长的珍贵植物和原生地天然生长并具有重要经济、科学研究、文化价值的濒危、稀有植物。药用野生植物和城市园林、自然保护区、风景名胜区内的野生植物的保护,同时适用有关法律、行政法规。本条例包括总则、野生植物保护、野生植物管理、法律责任、附则,共五章三十二条。

五、《森林病虫害防治条例》(中华人民共和国国务院令第46号)

本条例是中华人民共和国国务院发布的行政法规。为有效防治森林病虫害,保护森林资源,促进林业发展,维护自然生态平衡,根据《森林法》有关规定,制定本条例。本条例所称森林病虫害防治,是指对森林、林木、林木种苗及木材、竹材的病害和虫害的预防和除治。本条例包括总则、森林病虫害的预防、森林病虫害的除治、奖励和惩罚、附则，共五章三十条。

六、《植物检疫条例》（中华人民共和国国务院令第 98 号）

本条例是由中华人民共和国国务院发布的行政法规。本条例是为了防止危害植物的危险性病、虫、杂草传播蔓延，保护农业、林业生产安全而制定的。国务院农业主管部门、林业主管部门主管全国的植物检疫工作，各省、自治区、直辖市农业主管部门、林业主管部门主管本地区的植物检疫工作。本条例共二十四条。

七、《城市古树名木保护管理办法》（建城〔2000〕192 号）

本办法是中华人民共和国建设部于 2000 年发布的部门规章。本办法是为切实加强城市古树名木的保护管理工作而制定的。本办法适用于城市规划区和风景名胜区的古树名木保护管理。本办法所称的古树，是指树龄在 100 年以上的树木。本办法所称的名木，是指国内外稀有的以及具有历史价值和纪念意义及重要科研价值的树木。凡树龄在 300 年以上，或者特别珍贵稀有，具有重要历史价值和纪念意义，重要科研价值的古树名木，为一级古树名木，其余为二级古树名木。国务院建设行政主管部门负责全国城市古树名木保护管理工作。本办法共二十一条。

八、《园林绿化工国家职业技能标准》（人社厅发〔2022〕44 号）

本职业技能标准是由人力资源社会保障部办公厅、住房和城乡建设部办公厅、农业农村部办公厅、国家林业和草原局办公室联合发布的部门规章。本职业技能标准适应经济社会发展和科技进步的客观需要，立足培育工匠精神和精益求精的敬业风气，目的是规范从业者的从业行为，引导职业教育培训的方向，为职业技能评价提供依据。本职业技能标准包括职业概况、基本要求、工作要求、权重表、附录等内容。

培训课程 3 规范性文件知识

规范性文件是除国务院的行政法规、决定、命令，以及部门规章和地方政府规章外，由行政机关或者经法律、法规授权的具有管理公共事务职能的组织依照法定权限、程序制定并公开发布，涉及公民、法人和其他组织权利义务，具有普遍约束力，在一定期限内反复适用的公文。制定和发布规范性文件是行政机关依法履行职能的重要方式。对于规范性文件的理解分为广义和狭义两种情况。狭义的规范性文件一般是指法律范畴以外的其他具有约束力的非立法性文件。当前这类非立法性文件的制定主体非常多，如各级党组织、各级人民政府及其所属工作部门、人民团体、社团组织、企事业单位、法院、检察院等。广义的规范性文件一般是指属于法律范畴（即宪法、法律、行政法规、地方性法规、自治条例、单行条例、国务院部门规章和地方政府规章）的立法性文件和除此以外的由国家机关和其他团体、组织制定的具有约束力的非立法性文件的总和。

一、技术文件

1.《北京城市"揭网见绿"绿地养护技术指南》（京绿办发〔2022〕300号）

本文件是由北京市园林绿化局发布的规范性文件。本文件的制定目的是在景观、防火、防扬尘等各方面符合规范要求的前提下，明确"揭网见绿"是对全市盖网的各类地块（不含在施工程地块、涉密地块等），进行绿网揭除最终通过简易绿化等多种形式，实现多元见绿，并更好地指导各区对见绿地块（主要指简易绿化等地块）进行养护，确保见绿成果可持续。

2.《上海市单位附属绿地开放共享建设技术导则（试行）》（沪绿委办〔2023〕1号）

本文件是由上海市绿化委员会办公室、上海市绿化和市容管理局联合发布的规范性文件。本文件的制定目的是践行公园城市"开放、共享、融合"理念，推动上海市单位附属绿地开放共享，科学合理开展规划建设，准确把握开放共享要求，切实保障开放共享质量。

3.《上海市居住区绿化调整实施办法》(沪绿容规〔2023〕1号)

本文件是由上海市绿化和市容管理局、上海市房屋管理局联合发布的规范性文件。本文件的制定目的是加强本市居住区绿化管理,规范居住区绿化调整行为,优化绿地结构和景观,提高市民生活质量。本文件共四章二十条。

4.《上海市公园城市规划建设导则》(沪绿〔2022〕1号)

本文件是由上海市绿化委员会发布的规范性文件。本文件制定的目的是将"人民城市人民建,人民城市为人民"重要理念和公园城市建设有关要求有机融合,实现生态、生产、生活协调发展,使生态空间系统更加完善,宜居宜业魅力充分彰显。本文件适用于上海市城乡公园体系中各级公园的规划与建设,以及市域范围内各类空间区域,包括上海市主城区、新城、新市镇等城市开发边界内的街区、社区、校区、产业园区以及乡村郊野地区等空间的规划、设计、建设与管理。

5.《关于进一步规范居住区树木修剪的通知》(沪绿容〔2021〕414号)

本文件是由上海市绿化和市容管理局、上海市房屋管理局联合发布的规范性文件。本文件的制定目的是践行"人民城市人民建,人民城市为人民"重要理念,进一步加强上海市居住区绿化管理工作,规范居住区树木修剪行为。本文件包括工作原则、部门职责、技术要求、保障措施等四部分内容。

二、管理办法

1.《北京市园林绿化工程质量监督实施办法》(京绿办发〔2022〕270号)

本办法是由北京市园林绿化局发布的规范性文件。本办法的制定目的是加强园林绿化工程质量管理,保证园林绿化工程质量。本办法适用于北京市行政区域内使用国有资金投资或者国家融资的园林绿化工程的质量监督管理。本办法共三十条。

2.《关于机关、企事业等单位单位附属空间对社会开放工作的指导意见》(沪规划资源详〔2022〕461号)

本文件是由上海市规划资源局等七部门联合发布的规范性文件。本文件的制定目的是深入践行"人民城市"重要理念,落实"上海2035"总体规划,树立公共开放、社会共享的单位附属空间发展导向,创造条件把封闭空间变成开放空间,有效增加市民游憩活动的绿化共享空间。本文件对机关、企事业等单位附属空间对社会开放工作提出指导意见。

3.《全国绿化评比表彰实施办法》(全绿字〔2021〕3号)

本办法是由全国绿化委员会发布的规范性文件。本办法的制定目的是规范全国绿化评比表彰活动，加强全国绿化评比表彰实施管理。本办法适用于全国绿化先进集体、全国绿化劳动模范、全国绿化先进工作者，以及全国绿化模范单位、全国绿化奖章的评比表彰工作。本办法包括总则、评选范围、评选条件、评选程序、表彰奖励、监督管理、附则，共七章二十七条。

4.《上海市公共绿地、立体绿化建设项目综合竣工验收备案实施细则》(沪绿容〔2019〕159号)

本文件是由上海市绿化和市容管理局发布的规范性文件。本文件适用于本市行政区域内单独立项的新建、改建、扩建的公共绿地、立体绿化建设项目的综合竣工验收管理。

5.《上海市立体绿化示范项目扶持资金申报指南》(沪绿容〔2020〕388号)

本文件是由上海市绿化和市容管理局发布的规范性文件。本文件是上海市域范围外环线以内的中心城区及城市拓展区、外环线以外的各区新城等规划部门确定的集中建设区，以及外环线以外高架道路两侧各500 m纵深范围内立体绿化项目资金扶持的管理规定。

培训课程 4

标准知识

标准（含标准样品）是指农业、工业、服务业及社会事业等领域需要统一的技术要求。标准的分类有多种，按照标准制定的主体，标准可以分为国际标准、区域标准、国家标准、行业标准、地方标准和团体标准、企业标准。《中华人民共和国标准化法》中规定我国的标准包括国家标准、行业标准、地方标准和团体标准、企业标准。按标准实施的约束力，国家标准分为强制性标准和推荐性标准。行业标准、地方标准都是推荐性标准。强制性标准必须执行，国家鼓励采用推荐性标准。

按照标准化对象，标准可分为产品标准、过程标准、服务标准；按标准内容的功能，标准可分为术语标准、符号标准、分类标准、试验标准、规范标准、规程标准、指南标准；按标准编制的目的，标准又可分为基础标准、技术标准、安全标准、卫生标准、环保标准、资源利用标准。根据国家标准体系编制的原则和要求，结合园林绿化专业特点，为便于标准分类和检索，园林绿化标准分为设计标准、施工标准、验收标准、养护标准、材料标准、其他标准等。

对保障人身健康、生命财产安全、国家安全、生态环境安全及满足经济社会管理基本需要的技术要求，应当制定强制性国家标准；对没有推荐性国家标准、需要在全国某个行业范围内统一的技术要求，可以制定行业标准；为满足地方自然条件、风俗习惯等特殊技术要求，可以制定地方标准。推荐性国家标准、行业标准、地方标准、团体标准、企业标准的技术要求不得低于强制性国家标准的相关技术要求。国家鼓励社会团体、企业制定高于推荐性标准相关技术要求的团体标准、企业标准。

国际标准是指 ISO（国际标准化组织）、IEC（国际电工委员会）、ITU（国际电信联盟）及其他国际组织制定的标准，必须经过 ISO 认可并公布。

区域标准是指区域标准化组织或区域标准组织通过并公开发布的标准。目前比较有影响的组织包括 CEN（欧洲标准化委员会）、CENELEC（欧洲电工标准化委员会）、PASC（太平洋地区标准会议）、ASAC（亚洲标准咨询委员会）、ARSO（非洲标准化组织）等。

国家标准一般是指由国家标准机构通过并公开发布的标准，包括强制性国家标准和推荐性国家标准。强制性国家标准代号为GB，推荐性国家标准代号为GB/T，其编号形式为"国家标准代号 标准顺序号 发布年号"。

行业标准是指由国家有关行业行政主管部门通过并公开发布的标准。部分行业标准代号如下：农业（NY）、林业（LY）、城镇建设（CJ）、环境保护（HJ）等，其编号形式为"行业标准代号 标准顺序号 发布年号"。

地方标准是指由省、自治区、直辖市标准化行政主管部门通过并公开发布的标准。地方标准代号是"DB 地方行政区域代码前两位 /T"，其编号形式为"地方标准代号 标准顺序号 发布年号"。

团体标准是学会、协会、商会、联合会、产业技术联盟等社会团体协调相关市场主体共同制定以满足市场和创新需要的技术要求。团体标准代号"T/"，其编号形式为"团体标准代号 社会团体代号 标准顺序号 发布年号"。

企业标准是企业根据需要自行制定的企业标准，或与其他企业联合制定的企业标准。企业标准代号是"Q/"，其编号形式为"Q/企业标准代号 标准顺序号 发布年号"。本书所列标准为教材编写阶段常用的现行园林绿化相关标准，所标注的标准年号为该标准实施发布的时间。为保证标准的生命力，标准一般3~5年进行复审，复审结论为继续有效的，该标准年号不发生变化；复审结论为修订的，年号则为重新实施发布的年份；复审结论为废止的，该标准则不再有效。

一、园林绿化设计标准

1.《城市绿地规划标准》（GB/T 51346—2019）

本标准是推荐性国家标准，自2019年12月1日起实施，由中华人民共和国住房和城乡建设部、国家市场监督管理总局联合发布，主编单位是中国城市规划设计研究院。制订本标准是为了推动生态文明建设，创造良好的城乡人居环境，提升城市绿地规划建设水平，提高城市绿地规划的科学性。本标准适用于城市规划、城市绿地专项规划的编制与管理工作。

2.《城市绿地设计规范（2016年版）》（GB 50420—2007）

本规范是强制性国家标准，自2007年10月1日起实施，由中华人民共和国住房和城乡建设部、中华人民共和国国家质量监督检验检疫总局联合发布，根据住房城乡建设部《关于印发2012年工程建设标准规范制订修订计划的通知》（建标〔2012〕5号）的要求进行修订。本规范是为促进城市绿地建设，改善生态和景观，保证城市绿地符合适用、经济、安全、健康、环保、美观、防护等基本要求，确保设计质量制定。本规范适用于城市绿地设计。

3.《公园设计规范》（GB 51192—2016）

本规范是强制性国家标准，自 2017 年 1 月 1 日起实施，由中华人民共和国住房和城乡建设部、中华人民共和国国家质量监督检验检疫总局联合发布，主编单位是北京市园林绿化局。制订本规范是为了全面发挥公园的游憩功能、生态功能、景观功能、文化传承功能、科普教育功能、应急避险功能及其经济、社会、环境效益，确保公园设计质量。本规范适用于城乡各类公园的新建、扩建、改建和修复的设计。

4.《居住绿地设计标准》（CJJ/T 294—2019）

本标准是行业标准，自 2019 年 11 月 1 日起实施，发布部门是中华人民共和国住房和城乡建设部，主编单位是上海市园林设计研究总院有限公司。制订本标准是为了提高居住绿地的设计质量，促进居住绿地建设健康发展，为广大居民提供安全、健康、环保、舒适、优美的居住环境。本标准适用于各类新建、扩建和改建的城镇居住绿地设计。

5.《植物园设计标准》（CJJ/T 300—2019）

本标准是行业标准，自 2020 年 6 月 1 日起实施，发布部门是中华人民共和国住房和城乡建设部，主编单位是杭州园林设计院股份有限公司、上海市园林设计研究总院有限公司。制订本标准是为了适应植物园建设的需要，全面发挥植物园植物资源收集、保护、科研、科普、游憩功能，确保植物园设计质量。本标准适用于新建、扩建、改建的植物园设计。

二、园林绿化施工标准

1.《园林绿化工程项目规范》（GB 55014—2021）

本规范是强制性国家标准，自 2022 年 1 月 1 日起实施，由中华人民共和国住房和城乡建设部、国家市场监督管理总局联合发布。本规范为强制性工程建设规范，全部条文必须严格执行。本规范对园林工程项目的规模布局、建设要求、运行维护，以及园林绿化工程要素中的地形与土壤、园路与活动场地、种植、建（构）筑物及配套设施进行了规定，同时对综合公园、社区公园、游园、植物园、动物园、郊野型公园、道路绿化、绿道、绿化隔离带、生态保育与生态修复区域等提出了具体要求。

2.《垂直绿化工程技术规程》（CJJ/T 236—2015）

本规程为行业标准，自 2016 年 5 月 1 日起实施，发布部门是中华人民共和国住房和城乡建设部，主编单位是中国城市建设研究院有限公司、江苏中兴建设有限公司。制订本规程是为了提高我国垂直绿化工程的技术水平，推动垂直绿化的发展，改善区域环境，确保垂直绿化工程的质量，充分发挥垂直绿化的效益。本规程适用于建筑物和构筑物的墙面及立面的绿化设计、施工、质量验收和养护管理，对垂直绿化的设计、施工、质量验收和养护管理等进行了规定。

3.《园林绿化工程盐碱地改良技术标准》（CJJ/T 283—2018）

本标准是行业标准，自2019年4月1日起实施，发布部门是中华人民共和国住房和城乡建设部，主编单位是江苏山水环境建设集团股份有限公司、中国城市建设研究院有限公司。制订本标准是为了适应我国园林绿化事业的发展，规范盐碱地园林绿化工程技术及实践，提高盐碱地区植物种植成活率，提升盐碱地绿化的景观效果和养护管理水平，促进生态环境建设的可持续性发展。本标准适用于我国盐碱土主要分布区盐碱地的新建、扩建和改建各类园林绿化工程的土壤改良。

4.《城镇绿道工程技术标准》（CJJ/T 304—2019）

本标准是行业标准，自2020年6月1日起实施，发布部门是中华人民共和国住房和城乡建设部，主编单位是中国城市建设研究院有限公司、中国城市规划设计研究院。制订本标准是为了规范绿道工程建设，全面发挥绿道在休闲健身、生态环保、社会与文化、旅游与经济等方面的综合功能，确保绿道工程质量。本标准适用于新建、扩建和改建的城镇绿道的设计、施工、验收和维护。

5.《种植屋面工程技术规程》（JGJ 155—2013）

本规程是行业标准，自2013年12月1日起实施，发布部门是中华人民共和国住房和城乡建设部，主编单位是中国建筑防水协会、天津天一建设集团有限公司。制订本规程是为了贯彻国家保护环境及节约能源和资源的政策，规范种植屋面工程技术要求，做到技术先进、安全可靠、经济合理。本规程适用于新建、既有建筑屋面和地下建筑顶板种植工程的设计、施工、质量验收和维护管理。

6.《城市绿地草坪建植与管理技术规程 第1部分：城市绿地草坪建植技术规程》（GB/T 19535.1—2004）

本规程是推荐性国家标准，自2004年9月15日起实施，由中华人民共和国国家质量监督检验检疫总局、中国国家标准化管理委员会联合发布，起草单位是北京林业大学、北京北大绿色科技有限公司、甘肃农业大学、内蒙古农业大学。本规程规定了城市绿地草坪建植技术要求，适用于城市绿地草坪的建植。

三、园林绿化验收标准

1.《屋面工程质量验收规范》（GB 50207—2012）

本标准是强制性国家标准，自2012年10月1日起实施，由中华人民共和国住房和城乡建设部、中华人民共和国国家质量监督检验检疫总局联合发布,主编单位是山西建筑工程(集团)总公司、上海市第二建筑有限公司。本规范的制订是为了加强建筑屋面工程质量管理,统一屋面工程的质量验收,保证其功能和质量。本规范适用于房屋建筑屋面工程的质量验收。

2.《建筑工程施工质量验收统一标准》(GB 50300—2013)

本标准是强制性国家标准,自2014年6月1日起实施,由中华人民共和国住房和城乡建设部、中华人民共和国国家质量监督检验检疫总局联合发布,主编单位是中国建筑科学研究院。本标准的制订是为了加强建筑工程质量管理,统一建筑工程施工质量的验收,保证工程质量。本标准适用于建筑工程施工质量的验收,并作为建筑工程各专业验收规范编制的统一准则。

3.《园林绿化工程施工及验收规范》(CJJ 82—2012)

本规范为行业标准,自2013年5月1日起实施,发布部门是中华人民共和国住房和城乡建设部,主编单位是天津市市容和园林管理委员会。本规范是为了加强园林绿化工程施工质量管理,规范工程施工技术,统一园林绿化工程施工质量检验、验收标准,确保工程质量而制订的。本规范适用于公园绿地、防护绿地、附属绿地及其他绿地的新建、扩建、改建的各类园林绿化工程施工及质量验收。本规范对栽植基础,栽植穴、槽的挖掘,植物材料,苗木运输和假植,苗木修剪,树木栽植,大树移植,草坪及草本地被栽植,花卉栽植,水湿生植物栽植,竹类栽植,设施空间绿化,坡面绿化,重盐碱、重黏土土壤改良,施工期的植物养护等绿化工程,以及园路、广场地面铺装工程,假山、叠石、置石工程,园林理水工程,园林设施安装工程等园林附属工程进行了规定。

4.《海绵城市设施施工验收与运行维护标准》(DG/TJ 08—2370—2021)

本标准是上海市地方标准,自2021年11月1日起实施,发布部门是上海市住房和城乡建设管理委员会,主编单位是上海市政工程设计研究总院(集团)有限公司。制订本标准是为了贯彻落实习近平生态文明思想,推进海绵城市建设,加强海绵城市建设设施的施工质量和运行维护管理,保证工程质量和设施正常运行。本标准适用于上海市新建、改建、扩建及大中修工程的建筑与小区、城市绿地、城市道路、城市广场和调节塘等雨水源头减排类海绵城市设施的施工、验收和运行维护。

四、园林绿化养护标准

1.《城市古树名木养护和复壮工程技术规范》(GB/T 51168—2016)

本规范是推荐性国家标准,自2017年4月1日起实施,由中华人民共和国住房和城乡建设部、中华人民共和国国家质量监督检验检疫总局联合发布，主编单位是中国城市建设研究院有限公司。制订本规范是为了加强我国古树名木资源的保护和管理，延长古树名木寿命，促进其养护和复壮的规范化、科学化。本规范适用于城市规划区和风景名胜区内古树名木的养护和复壮。

2.《城市绿地草坪建植与管理技术规程 第2部分：城市绿地草坪管理技术规程》（GB/T 19535.2—2004）

本规程是推荐性国家标准，自2004年9月15日起实施，由中华人民共和国国家质量监督检验检疫总局、中国国家标准化管理委员会联合发布，起草单位是北京林业大学、北京北大绿色科技有限公司、甘肃农业大学、内蒙古农业大学。本规程规定了城市绿地草坪的修剪、施肥、灌溉、杂草防除、病虫害防治、表施土壤、滚压及退化草坪更新等养护管理技术要求，适用于城市绿地草坪的管理。

3.《园林绿化养护标准》（CJJ/T 287—2018）

本标准是行业标准，自2019年4月1日起实施，发布部门是中华人民共和国住房和城乡建设部，主编单位是北京市园林科学研究院、上海市绿化和市容管理局。制订本标准是为了提高城镇园林绿地养护管理水平，巩固和提高绿化建设成果，促进绿地养护管理的科学化、规范化。本标准适用于城镇规划区内绿地养护及管理，对园林绿化养护管理分级及质量要求、植物养护、绿地管理等内容进行了规定。

4.《藤本月季栽培技术规程》（LY/T 2951—2018）

本规程是行业标准，自2018年6月1日起实施，发布部门是国家林业局，起草单位是上海市园林科学规划研究院、北京林业大学、中国林业科学研究院、天津林业科学研究所、南召县林业局。本规程规定了藤本月季种苗繁殖、大苗培养、月季花墙及花柱的制作、养护管理等技术要求，适用于月季花墙、月季花柱的制作及养护应用。

5.《古树名木管护技术规程》（LY/T 3073—2018）

本规程是行业标准，自2019年5月1日起实施，发布部门是国家林业和草原局，起草单位是山东省林业科学研究院、济南市园林绿化工程质量监督站、济南市林场、山东省林木种苗和花卉站。本规程规范了古树名木养护技术、管理措施方面的技术要求。本规程适用于国内古树名木的养护管理。

6.《绿地月季栽培养护技术规程》（LY/T 2773—2016）

本规程是行业标准，自2017年3月1日起实施，发布部门是国家林业局，起草单位是北京市园林科学研究院。本规程规定了绿地月季的栽植、修剪、施肥、灌溉、有害生物防治和防寒栽培养护技术。本规程适用于绿地种植的杂种香水月季、壮花月季、丰花月季、藤本月季、地被月季的栽培养护。

7.《杜鹃花绿地栽培养护技术规程》（LY/T 2857—2017）

本规程是行业标准，自2017年9月1日起实施，发布部门是国家林业局，起草单位是上海市园林科学规划研究院、上海滨江森林公园、金华市永根杜鹃花培育有限公司、上海植物园。本规程规定了杜鹃花绿地栽培养护技术相关的术语及定义、苗木选择要求、种植地选择、栽植技术、肥水管理、修剪、病虫害防治等技术要求。本标准适用于适合露地栽培的杜鹃花品种的绿地栽培和养护管理。

五、园林绿化材料标准

1.《绿化用有机基质》（GB/T 33891—2017）

本标准是推荐性国家标准，自2018年2月1日起实施，由中华人民共和国国家质量监督检验检疫总局、中国国家标准化管理委员会联合发布，起草单位是上海市园林科学规划研究院、上海辰山植物园、上海临港漕河泾生态环境建设有限公司、重庆市风景园林科学研究院。本标准规定了绿化用有机基质的术语和定义、分类、产品质量要求、应用要求、检测方法、检验规则、标识以及包装、运输和贮存。本标准适用于以农林、餐厨、食品和药品加工等有机废弃物为主要原料，可添加少量畜禽粪便等辅料，经堆置发酵等无害化处理后，粉碎、混配形成的绿化用有机基质。

2.《园林绿化木本苗》（CJ/T 24—2018）

本标准是行业标准，自2019年5月1日起实施，发布部门是中华人民共和国住房和城乡建设部，起草单位是中国城市建设研究院有限公司、北京市园林科学研究院、广州市林业和园林科学研究院、北京林业大学、上海市绿化和市容（林业）工程管理站、重庆市风景园林规划研究院、杭州市园林文物局、兰州市生态建设管理局、金埔园林股份有限公司、裕华生态环境股份有限公司。本标准规定了园林绿化木本苗的要求、检测方法、检验规则、标志、包装和运输。

3.《园林绿化球根花卉　种球》（CJ/T 135—2018）

本标准是行业标准，自2019年4月1日起实施，发布部门是中华人民共和国住房和城乡建设部，起草单位是北京林业大学、国家花卉工程技术研究中心、厦门植物园、北京市植物园、上海辰山植物园、西宁园林局、大连佛伦德农业科技有限公司、云南玉溪明珠花卉有限公司。本标准规定了园林绿化中球根花卉种球的要求、检测方法、检验规则、标志、包装、运输和贮存。本标准适用于园林绿化栽植的球根花卉种球。

4.《绿化种植土壤》(CJ/T 340—2016)

本标准为行业标准,自 2016 年 8 月 1 日起实施,发布部门是中华人民共和国住房和城乡建设部,起草单位是上海市园林科学规划研究院、上海市绿化和市容(林业)工程管理站、北京市园林科学研究院、广州市林业和园林科学研究院。本标准规定了绿化种植土壤的术语和定义、要求、取样送样及检测方法、检验规则、改良修复和质量维护。本标准适用于一般绿化种植土壤或绿化养护用土壤。

5.《绿化植物废弃物处置和应用技术规程》(GB/T 31755—2015)

本规程是推荐性国家标准,自 2015 年 11 月 2 日起实施,由中华人民共和国国家质量监督检验检疫总局、中国国家标准化管理委员会联合发布,起草单位是上海市林业局、上海市园林科学研究所、广州市园林科学研究所、北京市园林科学研究所、上海市浦东新区公路管理署、上海植物园绿化养护有限公司。本规程规定了绿化植物废弃物堆肥和覆盖方面的术语和定义、场地规划、机械配置、绿化植物废弃物的收集、处置、产品质量技术要求及应用、检测方法、检验规则等。本规程适用于绿化植物废弃物的堆肥、覆盖处置及其衍生产品的应用。

6.《城市污水再生利用 景观环境用水水质》(GB/T 18921—2019)

本标准是推荐性国家标准,自 2020 年 5 月 1 日起实施,由国家市场监督管理总局、中国国家标准化管理委员会联合发布,起草单位是中国市政工程华北设计研究总院有限公司、天津创业环保集团股份有限公司、北京城市排水集团有限责任公司、北控水务集团有限公司、国家城市给水排水工程技术研究中心、中国科学院生态环境研究中心、江南大学。本标准规定了城市污水再生利用景观环境用水的水质指标、利用要求、安全要求、取样与监测。本标准适用于景观环境用水的再生水。

六、园林绿化相关的其他标准

1.《城市容貌标准》(GB 50449—2008)

本标准是强制性国家标准,自 2009 年 5 月 1 日起实施,由中华人民共和国住房和城乡建设部、中华人民共和国国家质量监督检验检疫总局联合发布。制订本标准是为了加强城市容貌的建设与管理、创造整洁、美观的城市环境,保障人体健康与生命安全,促进经济社会可持续发展。本标准适用于城市容貌的建设与管理,城市中的建(构)筑物、道路、园林绿化、公共设施、广告标志、照明、公共场所、城市水域、居住区等的容貌,均适用本标准。

2.《城市园林绿化评价标准》(GB/T 50563—2010)

本标准为推荐性国家标准,自 2010 年 12 月 1 日起实施,由中华人民共和国住房和城乡建设部、中华人民共和国国家质量监督检验检疫总局联合发布，主编单位是城市建设研究院。本标准适用于设市城市的城市园林绿化综合管理评价、城市园林绿地建设评价、各类城市园林绿地建设管控评价、与城市园林绿化相关的生态环境和市政设施建设评价。

3.《古树名木鉴定规范》（LY/T 2737—2016）

本标准是行业标准，自 2017 年 1 月 1 日起实施，发布部门是国家林业局，起草单位是中国林学会、南京林业大学、国家林业局造林绿化管理司。本标准规定了古树名木的术语和定义、古树分级和名木范畴、古树现场鉴定、名木现场鉴定、古树名木现场鉴定技术要求等技术规定。本规范适用于中华人民共和国范围内古树名木的鉴定工作。

4.《公园服务基本要求》（GB/T 38584—2020）

本标准是推荐性国家标准，自 2021 年 2 月 1 日起实施，由国家市场监督管理总局、国家标准化管理委员会联合发布，起草单位是北京市公园管理中心、北京市园林科学研究院、中国公园协会、北京市公园绿地协会、上海市公园管理事务中心、沈阳市园林绿化管护与城市建设综合执法中心、陕西省西安市城市管理和综合执法局、厦门市市政园林局、北京市颐和园管理处、北京动物园、北京市天坛公园管理处、北京市植物园。本标准规定了公园服务的总体原则、一般要求、分类、评估要求。本标准适用于向公众开放的综合公园、专类公园、社区公园及游园，其他公园可参照执行。

5.《园林行业职业技能标准》（CJJ/T 237—2016）

本标准是行业标准，自 2016 年 10 月 1 日起实施，发布部门是中华人民共和国住房和城乡建设部，主编单位是江苏城乡建设职业学院。制订本标准是为了加强园林行业生产操作人员队伍建设，提升职业道德，推进职业培训制度的实施。本标准适用于绿化工、花卉工、园林植保工、盆景工、育苗木、展出动物保育员和假山工职业技能的培训及评价。